AF503994

ESSAI ET DOSAGE

DES HUILES

Employées dans le commerce ou servant à l'alimentation

DES SAVONS ET DE LA FARINE DE BLÉ;

MANUEL PRATIQUE

à l'usage

DES COMMERÇANTS ET DES MANUFACTURIERS :

PAR CYRILLE CAILLETET,

Ex-interne des hôpitaux civils de Paris, Pharmacien de première classe
à Charleville (Ardennes), membre du Conseil central d'hygiène
publique et de salubrité, lauréat et membre correspondant
de la Société industrielle de Mulhouse
et d'autres Sociétés savantes.

Prix : 3 fr.

PARIS,

LIBRAIRIE SCIENTIFIQUE, INDUSDRIELLE ET AGRICOLE

LACROIX ET BAUDRY,

Réunion des anciennes maisons L. MATHIAS et du Comptoir des Imprimeurs,

15, QUAI MALAQUAIS, 15.

1859

ESSAI ET DOSAGE

DES HUILES, DES SAVONS

ET DE LA FARINE DE BLÉ.

CHARLEVILLE, TYP. ET LITH. DE A. POUILLARD.

ESSAI ET DOSAGE
DES HUILES

Employées dans le commerce ou servant à l'alimentation;

DES SAVONS ET DE LA FARINE DE BLÉ;

MANUEL PRATIQUE

à l'usage

DES COMMERÇANTS ET DES MANUFACTURIERS;

PAR CYRILLE CAILLETET,

Ex-interne des hôpitaux civils de Paris, Pharmacien de première classe à Charleville (Ardennes), membre du Conseil central d'hygiène publique et de salubrité, lauréat et membre correspondant de la Société industrielle de Mulhouse et d'autres Sociétés savantes.

Prix : 3 fr.

PARIS,

LIBRAIRIE SCIENTIFIQUE, INDUSTRIELLE ET AGRICOLE

LACROIX ET BAUDRY,

Réunion des anciennes maisons L. MATHIAS et du Comptoir des Imprimeurs,

15, QUAI MALAQUAIS, 15.

1859

A

LA SOCIÉTÉ INDUSTRIELLE DE MULHOUSE

HOMMAGE DE L'AUTEUR

CYRILLE CAILLETET.

AVANT-PROPOS.

Je me suis proposé, en publiant ce manuel, d'indiquer des procédés pratiques pour l'essai des huiles destinées aux fabriques ; des huiles alimentaires (olive et œillette); des savons employés dans l'industrie, et de la farine de blé.

On pourra constater en vingt minutes la pureté des huiles en les colorant de différentes manières ; on pourra connaître, par le même moyen, le volume de deux huiles mélangées.

A l'aide du brôme, on trouvera en peu de temps, dans un mélange de deux huiles, le poids de chacune d'elles.

La Société industrielle de Mulhouse a couronné,

au concours de 1857, le procédé de dosage, par le brôme, des huiles mélangées; au concours de 1859, la même société a couronné leur essai et leur dosage par des colorations; et la question ayant été considérée comme résolue, a été retirée du concours.

Les savons employés dans l'industrie sont préparés avec des quantités variables de matière grasse, de soude ou de potasse et d'eau. On déterminera facilement par les volumes, c'est-à-dire *sans pesée,* le poids de la matière grasse, de l'alcali et de l'eau qui entrent dans un savon.

Le dosage par les volumes a été couronné par la Société industrielle de Mulhouse au concours de 1858, et cette question a été retirée du concours.

Le commerçant qui essaiera la farine de blé par le chloroforme pourra s'assurer à l'instant si elle a été fabriquée avec du grain bien nettoyé, ou si elle contient, à l'état de mélange, des substances minérales telles que craie, alun, plâtre, etc. En supposant que la farine ait été mélangée avec les mêmes substances que celles qu'elle contient normalement, telles que phosphates de chaux et

de magnésie, sels de potasse et de soude, etc.,
l'opérateur n'isolera que les substances ajoutées
à cette farine, les mêmes qui s'y trouvent naturellement n'en seront pas séparées.

Ce procédé de dosage a été couronné en 1855 par
la Société des arts, sciences et belles-lettres de Paris.

Enfin, si de la farine de seigle a été ajoutée à
une farine de blé, l'acheteur pourra, sans recourir au microscope, s'assurer de la présence du
seigle.

EXPOSÉ

DE QUELQUES PROPRIÉTÉS D'APRÈS LESQUELLES LES HUILES
SERONT ESSAYÉES.

DES HUILES POUR FABRIQUES.

Les huiles grasses sont caractérisées par des propriétés spéciales à l'aide desquelles il est facile d'apprécier leur pureté, ou de connaître dans quelle proportion elles ont été mélangées.

Toutes retiennent en dissolution des matières diversement colorables sous l'influence de certains agents chimiques. Ces matières ne peuvent être spécialement colorées qu'en opérant à une température connue. La coloration est à peu près la même si l'on opère sur des huiles de même espèce obtenues à froid ou à chaud, ayant ou n'ayant pas une origine semblable.

Par huiles anciennes on entend celles qui, préparées depuis quelque temps, ont été placées dans de bonnes conditions de conservation. L'huile d'olive, par exemple, placée pendant une ou deux années dans un endroit chaud, et conservée dans un vase à moitié plein ayant accès à l'air, si on l'essaie d'une certaine manière, on la colore comme l'huile de sésame. Cette coloration indique une altération profonde des matières qu'elle retient en dissolution. Ce caractère peut se rencontrer dans l'huile qui est employée dans les fabriques, jamais dans celle qui sert à l'alimentation. En cet état, elle est ordinairement incolore, ou à peine colorée. Par d'autres modes d'essai cette huile se comporte comme celle qui a été bien conservée, ou qui vient d'être récemment obtenue. Il est donc facile de s'assurer de sa pureté, de dire si elle a conservé toutes ses propriétés, ou si elle a été mélangée.

Plusieurs auteurs ont parlé de colorations; mais leurs procédés, pour produire ces colorations, sont d'un emploi difficile; d'ailleurs, celles qu'ils ont obtenues ne sont pas assez caractéristiques pour permettre de décider de la pureté d'une huile commerciale. Il faut comprendre sous cette dénomination l'huile qui a été préparée comme on a l'habitude de le faire dans l'industrie. Les procédés dont il sera parlé sont d'un emploi facile.

On devra, avec l'huile essayée, produire une coloration semblable à celle que prend la même espèce d'huile placée dans des conditions égales. S'il y a mélange, la coloration obtenue sera proportionnelle au volume de chaque huile faisant partie de ce mélange.

En faisant varier les procédés d'essai, il en résulte un ensemble de réactions par lequel on peut constater la pureté d'une huile commerciale. Il en est même dans l'analyse qualitative des matières organiques et inorganiques.

On sait que les huiles grasses sont formées d'acides gras combinés avec la glycérine; que ces combinaisons peuvent être plus ou moins stables, selon que les huiles ont été placées dans des conditions plus ou moins bonnes de conservation; enfin, que par des matières azotées qu'elles retiennent en dissolution, matières qui jouent le rôle de ferment, certaines combinaisons glycériques se dédoublent facilement en acides gras et en glycérine.

Ce dédoublement ne se fait pas dans la même proportion si on place les huiles grasses dans des conditions égales de temps et de température.

Si l'on fait réagir à froid une solution aqueuse de potasse sur une huile non siccative *rance*, les acides gras mis en liberté par l'action du ferment s'unissent d'abord à la potasse; ensuite, l'alcali

porte sa sphère d'action sur les composés non dé-
doublés par le ferment.

Si l'on traite la même huile, mais *non rance*,
par cette solution de potasse, l'alcali réagit d'abord
sur les combinaisons qui, dans l'huile rance, sont
dédoublées par le ferment.

Les huiles grasses sont imparfaitement saponi-
fiées en 30 secondes et à froid par une solution
aqueuse de potasse; elles ne le sont pas dans la
même proportion. Il est facile de s'en assurer en
traitant le mélange d'huile et de solution alcaline
par le chlorure de calcium, mesurant l'huile non
saponifiée et le savon calcaire obtenu.

Si l'on traite à froid, pendant 30 secondes, une
huile commerciale par une solution aqueuse de
potasse, et qu'ensuite sur ce mélange on fasse
réagir également à froid une solution alcoolique
de brôme, ce corps est absorbé par la matière
grasse plus facilement que quand celle-ci n'a pas
été saponifiée.

Cette absorption est favorisée par une saponification plus complète, et elle a lieu avec pro-
duction de chaleur qui varie pour chaque espèce
d'huile.

Si deux huiles de même nature et *non siccatives*,
rances ou non rances, anciennes ou récentes, sont
traitées préalablement à froid par une solution
aqueuse de potasse, l'une et l'autre absorberont,

dans un temps déterminé, un poids de brôme à peu près égal.

Le pouvoir absorbant d'une huile est connu par ce qui reste de brôme non absorbé. Il est facile de connaître le pouvoir absorbant d'un mélange, et de trouver le poids de deux huiles qui constituent ce mélange.

Les huiles non siccatives sont solidifiées par l'acide hypo-azotique. L'huile d'olive obtenue à froid ou à chaud, ayant ou n'ayant pas la même origine, traitée par une petite quantité de cet acide, ne se solidifie pas toujours dans un temps connu d'avance. Le temps employé ne peut donc donner la certitude de sa pureté. Le procédé de solidification dont il sera parlé permet de constater la pureté de l'huile d'olive, et de dire si elle a été mélangée avec celles de sésame, d'arachide, ou de colza.

Les huiles grasses n'ont pas le même poids pour le même volume, c'est-à-dire qu'un litre d'huile d'olive pèse moins qu'un litre d'huile de sésame, à température égale. Leur poids varie en vieillissant. Il est très-difficile de reconnaître la pureté d'une huile rien que par son poids, car si l'on mélange en différentes proportions une huile légère avec une huile pesante, le poids du volume de ce mélange sera celui qui représente telle huile pure.

1*

Ce mélange se sépare en deux parties, après quelques jours de repos.

Les principales huiles employées dans les fabriques comme huiles tournantes sont celles d'olive, de sésame, d'arachide, de colza et de pieds de bœuf.

L'huile d'olive est préférée par les manufacturiers à toutes les autres huiles grasses végétales. On la rencontre très-souvent mélangée avec celle d'arachide, moins souvent avec celle de sésame, assez rarement avec celle de colza. Pour dissimuler ces mélanges, on les colore en *vert* par l'indigo, afin de faire croire à la présence de l'huile d'olive verte, dite de Malaga.

On mélange quelquefois l'huile de colza avec l'huile de baleine, moins souvent avec l'huile de lin. Ce dernier mélange existe principalement dans l'huile qui sert à l'éclairage des ateliers et des ménages.

Il est très-rare de rencontrer dans le commerce de l'huile de pieds de bœuf qui soit pure. On vend sous ce nom de l'huile de cheval ou d'autres graisses animales mélangées avec l'huile d'olive.

J'ai divisé en cinq parties le traité sur l'essai des huiles. Dans la première, je décris des procédés qualitatifs qui sont au nombre de quatre. Dans la deuxième, je fais l'étude physique et chimique des huiles d'olive, de sésame, d'arachide, de colza et de pieds de bœuf. Dans la troisième, une huile étant donnée, j'indique la méthode à suivre pour en constater la nature. Dans la quatrième, je fais de l'oléométrie en dosant les mélanges par les volumes et par les poids. Dans la cinquième, j'essaie les huiles d'olive et d'œillette servant à l'alimentation.

PREMIÈRE PARTIE.

ESSAIS QUALITATIFS.

PREMIER PROCÉDÉ.

Ce procédé consiste à faire réagir pendant 30 secondes un mélange d'acide sulfurique aqueux *chaud* et d'acide azotique concentré sur les huiles. La quantité d'acide à employer doit varier selon la température à laquelle on opère.

A 7, 8, 9° centig., il faut prendre :

1° Acide sulfurique à densité 1,80 à 1,84 (65 à 66°). 7 cent. cubes.
2° Eau 3   —
3° Huile. 4   —
4° Acide azotique à densité 1,35 à 1,40 (35 à 40°). 3   —

A 10, 11, 12, 13, 14° centig., il faut prendre :

1° Acide sulfurique. . . 6 cent. cubes.
2° Eau. 3   —
3° Huile 4   —
4° Acide azotique. . . . 3   —

A 15, 16, 17, 18, 19° centig., il faut prendre :

1° Acide sulfurique. . . 5 cent. cubes.
2° Eau. 3   —
3° Huile . . . . , 4   —
4° Acide azotique. . . . 3   —

A 20, 21, 22, 23, 24° centig., il faut prendre :

1° Acide sulfurique. . . 4 cent. cubes.
2° Eau. 3   —
3° Huile 4   —
4° Acide azotique. . . . 3   —

On mesure, dans un tube gradué A, l'acide sulfurique que l'on introduit dans un tube. de verre fermé à un bout, d'une hauteur de 20 centimètres environ et d'un diamètre de 18 millimètres ; on laisse bien égoutter cet acide, ensuite, dans le même tube, on mesure l'eau que l'on verse sur l'acide, on mélange rapidement en agitant le tube. Il faut que la chaleur produite soit de 44 à 48°. Sur ce mélange *chaud*, on verse l'huile qui doit être mesurée dans un tube gradué B. On ajoute en dernier lieu l'acide azotique qui doit être mesuré dans le tube A. On applique une feuille de caoutchouc sur l'ouverture du tube, et l'on appuie avec le pouce sur cette feuille pour le fermer. On agite fortement le tube pendant trente secondes, après quoi on le plonge brusquement dans un bain d'eau froide, où on le laisse pendant *cinq* minutes. L'huile se réunit au-dessus du liquide acide et commence à se colorer. Après ces cinq minutes, on retire ce tube de l'eau et on le maintient dans une position verticale en le plaçant sur une étagère où on le laisse en repos. *Quinze* minutes après l'avoir retiré de l'eau, on observe la coloration produite.

Lorsque le mélange acide n'est pas assez chaud, l'huile d'arachide noircit très-peu ou ne noircit pas ; si le tube n'est pas plongé dans l'eau froide, la coloration brune que prend cette huile disparaît facilement et passe au rouge foncé. La réaction du mélange acide chaud sur la matière colorée doit donc être suspendue par une immersion de cinq minutes dans l'eau froide (1).

Les huiles d'olive, de sésame, d'arachide, de colza et de pieds de bœuf, ainsi que le mélange acide, se colorent comme il est dit dans le tableau A qui suit.

Nota. — *Il est important que l'acide sulfurique soit toujours très-concentré.* (D. 1,8 à 8,4.)

---

(1) La température qui réussit le mieux est de 16 à 17°, en employant 5 cent. cubes d'acide sulfurique.

Tableau A.

HUILES ESSAYÉES.	TEMPÉRATURE 7, 8, 9° cent.		TEMPÉRATURE 10, 11, 12, 13, 14° cent.		TEMPÉRATURE 15, 16, 17, 18, 19° cent.		TEMPÉRATURE 20, 21, 22, 23, 24° cent.	
	HUILE.	ACIDE.	HUILE.	ACIDE.	HUILE.	ACIDE.	HUILE.	ACIDE.
Olive vierge	Nanquin foncé.	Incolore ou à peine verdâtre.	Nanquin pâle.	Incolore ou à peine verdâtre.	Paille pâle.	Incolore ou à peine verdâtre.	Paille.	Incolore ou à peine verdâtre.
— ordinaire	Jaune sale.		Nanquin foncé.		Paille foncée		Id.	
— tournante	Jaune sale.		Nanquin un peu jaunâtre.		Paille nuance jaunâtre; le plus souv. paille foncée.		Id.	
Sésame.	Rouge brun.	Fortement coloré en rouge orange	Rouge brun.	Orange rouge.	Orange foncé.	Jaune infusion de safran.	Orange.	Jaune infusion de safran.
Arachide.	Suie ou infusion de café.	Coloration peu appréciable	Suie ou infusion de café.	Coloration peu appréciable	Suie ou infusion de café.	Coloration un peu orange qui disparaît facilement.	Suie ou infusion de café.	Coloration un peu orange qui disparaît facilement.
Colza non épurée.	Brune, en 1/4 d'h^{re} passe au rouge orange	Coloration peu visible.	Rouge orange ou rouge groseille.	Incolore.	Rouge orange ou rouge groseille.	Incolore.	Rouge orange ou rouge groseille.	Incolore.
Colza épurée.	Rouge groseille.	Incolore.	Rouge groseille.	Incolore.	Rouge groseille.	Incolore.	Rouge groseille.	Incolore.
Pieds de bœuf.	Brun foncé.	Coloration peu visible.	Brun foncé.	Coloration peu visible.	Brun foncé.	Nuance orange.	Brun foncé.	Nuance orange.

DEUXIÈME PROCÉDÉ.

(TEMPÉRATURE 10 A 12 DEGRÉS CENTIG.)

Ce procédé repose sur les colorations différentes que prennent les huiles grasses sous l'influence de l'acide hypo-azotique dissous dans l'acide azotique, en opérant à une température de 10 à 12 degrés cent. pour les huiles d'olive, de sésame, d'arachide et de pieds de bœuf, et à celle de 16 à 20 degrés pour l'huile de colza.

On se sert de la solution d'acide hypo-azotique une demi-heure après sa préparation.

Pour la préparer, si l'on a beaucoup d'essais à faire, on prend :

Acide azotique du comm. à densité 1,40, 99 c. c. — en poids 138 gr. 6
Mercure . . . . 1 c. c. — en poids 13 gr. 598

Si l'on n'a que quelques essais à faire, on prend :

Acide azotique . . . . . 34 gram. 65 centig. à 35 grammes.
Mercure. . . . . 3 — 40 —

On introduit acide et mercure dans un flacon à l'émeri, et on le ferme aussitôt. Il faut qu'il soit plein à peu près aux trois quarts. On l'agite de temps en temps, et on a soin de le tenir bien fermé. Quand le mercure est dissous, la liqueur est préparée ; ainsi obtenue, elle est colorée en vert foncé (1).

---

(1) La réaction a lieu entre 4 éq. d'acide azotique et 3 éq. de mercure ; on a :

$$4\ AzO^5,\ HO + 3\ Hg = 3\ HgO,\ AzO^5 + AzO^2 + 4\ HO.$$

Avant son emploi il faut, autant que possible, qu'elle soit à une température de 10 à 12°, excepté pour l'essai de l'huile de colza. Si l'on opère en été, on met le flacon qui la contient au milieu d'un bain d'eau froide, dans laquelle on peut faire dissoudre du sel ammoniac pulvérisé, et on l'y laisse pendant cinq minutes environ. Si l'on opère en hiver, il est inutile de faire usage du sel ammoniac. On ne doit pas laisser entrer d'eau dans ce flacon, parce que l'acide hypo-azotique, en présence de l'eau, formant de l'acide azotique et du bi-oxide d'azote, cette liqueur serait trop faible pour produire des colorations (1).

Pour essayer les huiles selon ce procédé, il faut d'abord les filtrer si elles sont troubles, car souvent elles tiennent en suspension du mucilage et du parenchyme. Quand elles sont bien limpides on mesure, dans un tube gradué A, 4 cent. cubes d'huile que l'on introduit dans un flacon de la contenance de 15 cent. cubes; on verse sur cette huile 3 cent. cubes de liqueur d'essai préparée de-

---

Ensuite, l'équivalent de bi-oxide d'azote réagit sur deux équivalents d'acide azotique pour former trois équivalents d'acide hypo-azotique qui colore la liqueur en vert foncé ; on a :

$$AzO^2 + 2\ AzO^5 = 3\ AzO^4.$$

(1) On aurait :

$$3\ AzO^4 + 2\ HO = AzO^2 + 2\ (AzO^5, HO).$$

puis une demi-heure environ, on ferme le flacon avec un bouchon de liége et l'on agite vivement le tout pendant *cinq* secondes. Peu d'instants après l'huile se réunit au-dessus de l'acide et se colore.

Si la liqueur d'essai n'est pas préparée récemment, la coloration n'est pas assez apparente ; en ce cas, on peut ajouter encore dans le flacon 1 à 2 cent. cubes de cette liqueur, et l'on agite de nouveau pendant une à deux secondes.

Il faut, après une seconde addition de liqueur d'essai, mettre le flacon qui contient le mélange dans de l'eau froide où on le laisse pendant trente secondes environ ; on ne l'essuie pas après l'en avoir retiré.

Il est important de ne pas colorer trop fortement l'huile que l'on essaie, parce que la couleur bleue vert-de-gris que prend l'huile d'olive empêcherait de bien apprécier la coloration de l'huile mélangée.

Nota. En été, la température étant à 15°, 16°, etc., la coloration vert-de-gris que prend l'huile d'olive s'altère très-vite. On devra donc, lorsqu'on essaie cette huile, la faire refroidir préalablement, ainsi que la liqueur d'essai. Le succès de l'opération dépend de cette manière d'opérer.

Les colorations que prennent les huiles sont indiquées dans le tableau B qui suit :

Tableau B.

HUILES ESSAYÉES.	COLORATIONS A 10 ET 12°.
Olive vierge. — ordinaire. — tournante.	Ces trois huiles passent au bleu vert-de-gris plus ou moins foncé, qu'elles conservent pendant vingt à vingt-cinq minutes ; solidifiées, elles sont d'un blanc bleuâtre.
Sésame.	Orange ou rouge brique ; solidifiée, cette huile est orange.
Arachide.	Jaune, susceptible de passer à l'orange ; solidifiée, cette huile est jaune pâle.
Colza non épurée ou épurée.	Bistre, passant au minium ; solidifiée, cette huile est couleur jaune citron.
Pieds de bœuf.	Vert-de-gris ; solidifiée, cette huile est d'un blanc bleuâtre.

TROISIÉME PROCÉDÉ.
(TEMPÉRATURE 15 DEGRÉS CENTIG.)

Ce procédé consiste à faire réagir pendant *cinq minutes* à la chaleur de l'eau bouillante, sur 20 grammes d'huile d'olive, l'acide hypo-azotique produit par 10 gouttes d'acide azotique à d. 1,40 (0 gram. 45 centigr.) et 10 gouttes d'acide sulfurique à d. 1,84 (0 gram. 25 centigr.).

Si l'huile est trouble, on la filtre ; si elle est mêlée à un peu d'eau, on la mélange avec une petite quantité d'amidon, ou mieux de fécule de pomme de terre, et on la filtre. (La fécule de pomme de terre absorbe mieux l'eau que l'amidon de blé.) Ensuite, on prend un tube de verre ou de cristal d'une hauteur de 10 centim. et d'un diamètre de 20 à 22 millim., on l'essuie pour qu'il soit sec le plus possible, et l'on y introduit 20 gram. d'huile d'olive. Si la température est à plus de 15°, on fait refroidir préalablement l'huile. On fait tomber sur l'huile 10 gouttes d'acide sulfurique. (Ces 10 gouttes doivent être comptées avec un flacon bouché à l'émeri de la contenance de 30 centim. cubes, ayant pour diamètre de son ouverture 12 à 13 millimètres. On ouvre le flacon au tiers, et l'on compte goutte à goutte l'acide. On laisse tomber à terre la première goutte qui est plus volumineuse que les suivantes.) On ferme le tube avec le pouce ou avec une feuille de caoutchouc, on mélange l'huile et l'acide en renversant puis relevant tour à tour le tube pendant une minute, après quoi on y introduit 10 gouttes d'acide azotique comptées comme il vient d'être dit pour l'acide sulfurique. On mélange l'acide azotique en agitant pendant une minute comme on l'a fait pour l'acide sulfurique. On place verticalement le tube, qui a été fermé avec un papier, dans une petite cafetière de cuivre ou de ferblanc contenant de l'eau froide; on la porte rapidement à l'ébullition. Il ne faut pas que de l'eau puisse entrer dans le tube. On fait bouillir l'eau pendant *cinq minutes*, ni plus ni moins, après quoi on en retire le tube et on le plonge avec ménagement dans de l'eau froide où on le laisse, avec la précaution que de l'eau ne s'y introduise pas. En été, l'huile, à la sortie du bain, doit être portée dans un lieu frais.

L'huile d'olive se solidifie ordinairement en moyenne en 1 heure 40 minutes, après qu'elle a été retirée du bain d'eau bouillante. A la sortie de ce bain elle est jaune citron, ou jaune très-peu orangé. Il est des huiles d'olive qui mettent plus ou moins de temps à être solidifiées. En cet état, l'huile d'olive a la couleur du beurre frais très-pâle. Quand elle contient 15 à 20 p. 0/0 d'huile de sésame, solidifiée elle est jaune comme l'huile de palme; à la sortie du bain elle est rouge. Mélangée avec 15 ou 20 p. 0/0 d'huile d'arachide, à la sortie du bain elle est rouge vineux; elle ne se solidifie pas ou se solidifie difficilement. Mélangée avec celle de colza épurée ou non épurée, la solidification est très-retardée; une heure après la sortie du bain, l'huile est liquide et sa couleur est jaune orange.

Si l'on veut solidifier l'huile de sésame, il faut employer 10 gouttes d'acide sulfurique et 20 gouttes d'acide azotique. Si l'on veut solidifier l'huile d'arachide, il faut employer 15 gouttes d'acide sulfurique et 40 gouttes d'acide azotique.

L'huile de colza épurée n'est pas solidifiée par 10 gouttes d'acide sulfurique et 10 gouttes d'acide azotique ; après 24 heures elle est pâteuse.

L'huile de colza non épurée reste liquide, une matière noire se dépose (1).

—

QUATRIÈME PROCÉDÉ.
(MINIMUM DE TEMPÉRATURE 12 A 15 DEGRÉS CENTIG.)

Dans un verre à expérience de la contenance de 60 centim. cubes environ, d'une ouverture ayant pour diamètre 5 centimètres, on introduit 1 centim. cube de mercure, 12 centim. cubes d'acide azotique à d. 1,40, et huile 4 centim. cubes (2). Le mercure, en se dissolvant dans l'acide, dégage du bi-oxide d'azote qui fait mousser l'huile et la colore (3). Les colorations de la mousse et de l'huile

---

(1) L'huile d'olive, 20 grammes, traitée comme il vient d'être dit par 10 gouttes d'acide azotique, sans acide sulfurique, ne se solidifie pas. Cette solidification n'a donc lieu que par l'acide hypo-azotique qui se produit. L'acide sulfurique s'empare de l'eau de l'acide azotique qui, ne pouvant exister sans eau, se dédouble en oxigène et en acide hypo-azotique.

(2) Il faut que l'ouverture du verre ait le diamètre indiqué, parce que si la mousse n'est pas volumineuse, elle ne peut se colorer comme il est dit dans le tableau C.

(3) Si la température est inférieure à 12°, on peut faire chauffer modérément le verre avant l'introduction du mercure et de l'acide. Une température un peu supérieure à 15° fait mousser l'huile plus facilement ; la mousse se colore de la même manière qu'à 12 et 15°. Il ne faut pas opérer à une température inférieure à 12°, parce qu'il se forme de l'azotate qui se dépose sur le mercure et qui en empêche la dissolution complète.

qui se réunit sous la mousse sont indiquées dans le tableau C qui suit, après la complète dissolution du mercure.

Tableau C.

HUILES ESSAYÉES.	COLORATION DE LA MOUSSE.	COLORATION DE L'HUILE QUI S'EST RÉUNIE SOUS LA MOUSSE.
Olive vierge. — ordinaire. — tournante.	Mousse peu volumineuse qui s'affaisse facilement. — Vue par transparence, elle est très-pâle ou paille avec apparence très-peu verdâtre ; — vue verticalement, la surface de la mousse est couleur paille *non mûrie*.	Paille pâle ou paille foncée, ou paille avec nuance très-peu jaunâtre
Sésame.	Mousse volumineuse orange ; — s'affaisse difficilement.	Orange.
Arachide.	Mousse citron orange ; plus volumineuse que celle d'olive, mais moins que celles de sésame et de colza.	Jaune orange.
Colza.	Mousse volumineuse orange.	Rouge orange.
Pieds de bœuf.	Mousse peu volumineuse, qui est paille un peu verdâtre.	Olive verte.
Œillette, lin et baleine.	Mousses très-volumineuses qui ne s'affaissent pas; couleur orange foncée.	Ces huiles ne se réunissent pas et restent en mousses.

DEUXIÈME PARTIE.

ÉTUDE PHYSIQUE ET CHIMIQUE

DES HUILES D'OLIVE, DE SÉSAME, D'ARACHIDE, DE COLZA ET DE PIEDS DE BŒUF.

HUILE D'OLIVE.

L'huile d'olive s'extrait du péricarpe de la drupe de l'*olea europœa*, de la famille des jasminées.

L'olivier est originaire d'Asie, d'où il s'est propagé naturellement ou par migration des anciens peuples, en Grèce, en Afrique, en Italie, en Espagne et en Provence. C'est à l'époque de leur plus complète maturité que celui qui veut avoir

2

une récolte abondante, et cependant de bonne qualité, doit cueillir ses olives. Les anciens pensaient qu'il était avantageux de les cueillir un peu avant leur maturité. L'olive qui est trop mûre donne une huile pâteuse ; l'olive trop verte fournit une huile amère qui a reçu des anciens le nom d'huile *omphacine*. La meilleure huile est celle des arbres qui ont végété dans des terres calcaires ou caillouteuses. La moins estimée provient des arbres cultivés dans les terres substantielles, grasses et surtout humides.

L'huile d'olive porte dans le commerce les noms d'huile vierge, d'huile ordinaire, d'huile de recence, d'huile d'enfer, d'huile tournante, etc., selon qu'elle a été obtenue par expression à froid ou à chaud, avec des olives fermentées, etc.

Dans les environs de Montpellier, on appelle huile vierge celle qui surnage sur la pâte des olives écrasées au moulin, ou qui se rassemble dans des creux qu'on y a pratiqués. Dans les environs d'Aix ou de Nice, on nomme huile vierge celle que l'on obtient en soumettant à une pression modérée les olives écrasées. Cette huile, qui a été obtenue à la température ordinaire, a une couleur verdâtre qu'elle doit à une résine particulière nommée *viridine*.

Cette première pressée finie, on desserre les *cabas*, ou scoufins, on *dégrume* la pâte qu'ils con-

tiennent, ensuite on verse sur celle de chaque
cabas une mesure d'eau bouillante, et l'on remet
les cabas en presse. L'eau chaude qui s'écoule,
chargée de la plus grande partie de l'huile qui
était restée dans la pâte, est recueillie dans des
tonneaux disposés à cet effet. Cette huile est ap-
pelée huile ordinaire. Elle est jaune clair. On
peut encore l'obtenir en soumettant à la pression
les olives écrasées et mélangées d'eau bouillante.

Les tourteaux qui sortent de la deuxième pression contiennent encore une si forte proportion
d'huile, qu'on les traite dans des ateliers spéciaux
appelés *recences*. Là, on sépare les noyaux, on re-
cueille les pellicules, on les chauffe et on les
presse. On obtient de cette manière l'huile de
recence. Cette huile n'a pas de mauvaise odeur
lorsqu'elle provient de tourteaux qui n'ont point
fermenté. Par le repos, elle se partage en deux
parties. La partie supérieure qui est limpide est
livrée au commerce pour graisser les machines,
les draps, etc.; la partie inférieure qui est trouble
sert à la fabrication des savons.

Les résidus sont mis dans des chaudières et sont
lavés avec de l'eau bouillante. L'eau se mélange
avec l'huile qui était restée au *grignon*. On fait
écouler ce mélange dans une grande fosse nommée *enfer*. Là, l'huile suspendue dans l'eau et
celle qui est mêlée dans le mucilage s'en séparent,

tant par l'effet du repos que par suite de la fermentation, et montent à la surface. Quelques fabricants font bouillir dans l'eau la matière qui vient surnager, et obtiennent ainsi un plus beau produit.

Cette huile a une odeur et une saveur désagréables; on la nomme huile d'enfer. On la mélange ordinairement avec l'huile de recence, et on la vend comme huile pour fabriques ou huile tournante.

Cette huile est ordinairement trouble, effet dû au mucilage et au parenchyme. Il faut la filtrer avant son essai. Elle est un peu plus pesante que l'huile d'olive obtenue à froid ou par deuxième expression. Lorsqu'elle doit être employée pour le graissage des machines, on pourrait la purifier en l'agitant avec une solution d'acétate de plomb basique, traitant l'huile clarifiée par l'acide sulfurique étendu, lavant le mélange à l'eau bouillante, et abandonnant l'huile sur du chlorure de calcium fondu.

L'huile d'olive est liquide, sa couleur est verdâtre ou jaune clair; quelquefois on en rencontre qui est presque incolore. Elle est à peu près inodore quand elle est récente, mais elle acquiert à la longue l'odeur de rance. Elle a une saveur spéciale que l'on désigne par *sentir son fruit;* elle commence à devenir nébuleuse quand sa température s'abaisse au-dessous de 10°; elle se congèle à-quelques degrés au-dessus de 0.

Selon Rousseau, l'huile d'olive conduit l'électricité 675 fois moins que les autres huiles grasses végétales. Il suffit d'ajouter 2 gouttes d'huile de faîne ou d'œillette à 10 gouttes d'huile pure pour quadrupler son pouvoir conducteur. L'huile qui provient des animaux ruminants partage avec l'huile d'olive la même faculté non conductrice de l'électricité.

La densité de l'huile d'olive à 15° est de 0,917. Si on la conserve liquide pendant quelque temps dans des flacons bien fermés, son poids est susceptible de varier. La chaleur agit sur l'huile d'olive comme sur les autres huiles grasses végétales.

Exposée à l'air, l'huile d'olive ne se solidifie pas. En cet état, elle rougit le papier de tournesol. Les matières azotées qu'elle retient en dissolution ont réagi comme ferment sur les combinaisons glycériques dont elles ont provoqué en partie le dédoublement. Cette action du ferment sur la matière grasse a lieu en vase clos, mais moins facilement qu'à l'air libre.

L'huile d'olive exposée quelque temps à l'action du soleil se décolore complétement. En cet état, essayée par le premier procédé, elle se colore en rouge comme l'huile de sésame, et l'acide se colore en jaune foncé ; mais essayée par le deuxième procédé, elle passe au bleu vert-de-gris ; essayée par le troisième procédé, elle se solidifie et passe au beurre frais ; essayée par le quatrième procédé, la mousse est couleur paille pâle.

Il est donc facile de dire si cette huile a été placée dans de bonnes conditions de conservation. Ainsi altérée, on ne la rencontre que très-rarement dans le commerce.

Les colorations variées que prend toujours l'huile d'olive sous l'influence de certains agents chimiques, lorsqu'il s'agit de connaître si elle est pure ou mélangée, sont des caractères très-importants, car les substances qui se colorent se retrouvent constamment dans cette huile obtenue à froid ou à chaud, avec des olives fermentées ou non fermentées, quelles que soient son origine et son ancienneté.

M. Boudet a observé le premier, en 1832, que l'huile d'olive se colore en vert bleuâtre si on la traite par l'acide hypo-azotique. M. Fauré a obtenu une coloration blanc verdâtre, en traitant 100 parties d'huile par 3 p. d'une dissolution faite avec 3 p. d'acide azotique à 35° B⁴ et 1 p. d'acide hypo-azotique. Le même auteur a encore coloré en jaune l'huile d'olive, en traitant 10 p. de cette huile par 1 p. d'ammoniaque.

M. Penot a conseillé l'emploi d'une solution saturée à froid de bi-chromate de potasse dans l'acide sulfurique, solution qui fait prendre à l'huile d'olive et à d'autres huiles grasses végétales des colorations différentes.

M. Heidenreich a fait connaître, en 1841, l'emploi de l'acide sulfurique à 66° pour colorer l'huile d'olive en jaune pâle, puis en jaune verdâtre.

M. Poutet a vu le premier qu'une dissolution de mercure dans l'acide azotique, dissolution faite à froid avec mercure 12 gram., acide azotique à 38° B⁴ 15 gram., solidifiait l'huile d'olive. Il a employé 8 gram. de cette solution qu'il a fait réagir sur 90 gram. d'huile, en agitant toutes les cinq minutes. M. Boudet a constaté plus tard que cette solidification est due à l'acide hypo-azotique dissous dans la liqueur mercurielle; il a constaté de plus que cet acide solidifiait les autres huiles grasses non siccatives, et que cette solidification doit être attribuée à la transformation de leur oléine en élaïdine.

L'huile d'olive obtenue à froid se solidifie plus facilement que celle qui a été obtenue à chaud. Lorsqu'on la traite à la chaleur de l'ébullition pendant 24 heures par une lessive de soude de moyenne concentration, on obtient de l'oléine pure, le savon produit étant du margarate de soude.

· L'huile d'olive est facilement saponifiée à chaud par l'oxide de plomb en présence de l'eau. Le sel qui en résulte est solide et cassant. Lorsqu'on le traite par l'éther, on obtient une solution d'oléate et un dépôt de margarate de plomb. En isolant la matière grasse de ces deux sels, j'ai trouvé que 100 parties d'acide gras provenant de cette saponification étaient composées en moyenne de :

Matière grasse solide. 24,41
— — liquide 75,59
Total. 100

Les caractères essentiels par lesquels on constatera la pureté de l'huile d'olive sont les suivants :

1° Essayée par le premier procédé, elle passe à la couleur nanquin foncé, nanquin pâle, paille pâle, paille foncée ou paille avec apparence très-peu jaunâtre ; l'acide, s'il se colore, ne doit prendre qu'une nuance à peine verdâtre ;

2° Essayée par le deuxième procédé, elle passe à la couleur bleue vert-de-gris ;

3° Essayée par le troisième procédé, elle se solidifie en 1 h. 40' environ, en passant au beurre frais très-pâle. — Le point de fusion de l'huile d'olive solidifiée n'est pas celui de la même huile lorsqu'elle est mélangée. Si, après 24 heures de solidification, on place pendant une heure dans un bain d'eau chauffée à 28° le tube qui la contient, à peine est-elle liquéfiée ; mais si elle est mélangée, elle se liquéfie d'une manière à peu près complète ;

4° Essayée par le quatrième procédé, et vue par transparence, la mousse doit être paille pâle, paille foncée ou paille avec nuance verdâtre; vue verticalement, la surface de la mousse doit être couleur paille *non mûrie ;*

5° Essayée comme il sera dit par le brôme, elle est, de toutes les huiles grasses liquides végétales, celle qui en absorbe le moins.

—

HUILE DE SÉSAME.

L'huile de sésame est fournie par le *sesamum*, de la famille des bignonacées qui renferme quatre espèces, dont deux sont cultivées pour leurs semences.

L'huile que l'on trouve dans le commerce est fournie spécialement par le *sesamum orientale* qui, de temps immémorial, est cultivé en Egypte. Il porte vulgairement le nom de *jugoline*. Depuis quelques années on a essayé la culture du sésame en Europe et en Algérie, mais sans résultats bien satisfaisants.

La graine renferme dans des cotylédons épais et charnus une forte quantité d'une huile fixe, de saveur très-douce, préférée à l'huile d'olive par les Orientaux.

L'huile de sésame est liquide, sa couleur est jaune, sa densité à 15° est de 0,9235; elle ne se congèle pas à la même température que les huiles d'olive et d'arachide ; exposée à l'air, elle rancit. En cet état, elle rougit le papier de tournesol.

Quand on mélange 20 gram. d'huile de sésame avec 10 gouttes d'acide sulfurique, la couleur de cette huile n'est pas sensiblement altérée ; mais après qu'on a ajouté 10 ou 20 gouttes d'acide azotique à ce mélange, il se produit d'abord une coloration verte qui passe rapidement au bleu indigo très-foncé, lequel passe au rouge vineux.

L'huile de sésame, placée dans de mauvaises conditions de conservation, se colore, sous l'influence de certains agents chimiques, comme celle qui a été bien conservée.

L'huile de sésame est très-facilement saponifiée par l'oxide de plomb en présence de l'eau. J'ai trouvé que 100 parties d'huile saponifiée étaient composées en moyenne de :

Matière grasse acide solide	13,9
— — liquide	86,1
Total	100

Les caractères essentiels de l'huile de sésame sont les suivants :

1° Essayée par le premier procédé, elle passe à la couleur brun rouge, ou rouge orange ; l'acide se colore en rouge orange, ou en jaune infusion de safran ;

2° Essayée par le deuxième procédé, elle passe au rouge orange ou au rouge brique.

3° Essayée par le troisième procédé, elle est solidifiée en 2 h. 30' par 10 gouttes d'acide sulfurique et 20 gouttes d'acide azotique, et elle passe à la couleur jaune de l'huile de palme ;

4° Essayée par le quatrième procédé, elle donne une mousse jaune orange ; l'huile qui se rassemble sous la mousse est orange ;

5° Elle passe au vert, à l'indigo foncé, et ensuite au rouge vineux, quand on en mélange 20 gram. avec 10 gouttes d'acide sulfurique et 10 ou 20 gouttes d'acide azotique.

—

HUILE D'ARACHIDE.

L'huile d'arachide est extraite de la graine de l'arachide ou pistache de terre *(arachis hypogœa)*, de la famille des légumineuses.

Elle a été cultivée de toute ancienneté dans les pays chauds des quatre parties du monde ; on en ignore la patrie. La graine, dont la grosseur est celle d'une noisette, a un goût d'amande et de haricot vert ; elle fournit beaucoup d'huile grasse liquide. Obtenue à froid, l'huile d'arachide est à peu près incolore et inodore ; extraite à chaud, elle est jaune et a une odeur désagréable ; sa saveur rappelle celle des haricots verts. On peut la conserver très-longtemps sans qu'elle rancisse.

Exposée à l'air, elle ne se dessèche pas. Soumise à l'action du froid, elle se prend en masse comme l'huile d'olive, à quelques degrés au-dessus de 0. Sa densité à 15° est de 0,917.

L'huile d'arachide, placée dans de mauvaises conditions de conservation, se colore de la même manière que celle qui a été bien conservée.

L'huile d'arachide, de même que l'huile d'olive, est facilement saponifiée par l'oxide de plomb en présence de l'eau. Le sel qui en résulte est moins dur que celui qui a été obtenu avec l'huile d'olive. J'ai trouvé que 100 parties d'acides gras provenant de la saponification de l'huile d'arachide étaient composées en moyenne de :

Matière grasse acide solide 18
—   liquide. 82
Total. . . . 100

Les caractères essentiels de l'huile d'arachide sont les suivants :

1° Essayée par le premier procédé, elle passe à la couleur *suie*, infusion de café;

2° Essayée par le second procédé, elle passe à la couleur jaune-citron;

3° Essayée par le troisième procédé (acide sulfurique, 15 gouttes, acide azotique, 40 gouttes), elle se solidifie en 24 heures, et prend la couleur de l'huile de palme;

4° Essayée par le quatrième procédé, elle donne une mousse citron orange, passant au citron foncé.

—

HUILE DE COLZA.

L'huile de colza est extraite des semences du *brassica campestris*, de la famille des crucifères. Cette huile est jaune; elle a une légère odeur piquante. Sa densité à 15° est de 0,9147.

Les départements du nord fournissent à la consommation la plus grande partie de cette huile. Non épurée, l'huile de colza est quelquefois mélangée avec l'huile d'olive destinée aux fabriques. Ce mélange est jaune; souvent il est coloré en vert par l'indigo.

L'huile de colza a la propriété de se colorer en vert par l'acide sulfurique. Pour l'essayer, on place horizontalement un verre à vitre sur du papier blanc; on y fait tomber 10 gouttes d'huile que l'on arrondit avec une baguette de verre, de manière à lui donner la grandeur d'une pièce de deux francs. On y dépose ensuite, avec une autre baguette de verre, deux gouttes d'acide sulfurique. Il se forme autour de l'acide une auréole bleu pâle qui disparaît au bout d'un quart d'heure; la tache d'acide est jaune clair.

Lorsque l'huile de colza a été mélangée avec celle de navette, l'auréole passe à la couleur gris sale après un quart d'heure, et reste ainsi colorée.

L'endroit où l'acide a été déposé prend une couleur jaune très-foncée.

Quand l'huile de colza est vieille et qu'elle a été mal conservée, elle ne se colore plus en vert, la tache d'acide qui est rouge foncé passe au marron clair ou au marron foncé.

Essayée par le premier procédé, l'huile de colza non épurée passe au rouge orange ; épurée, elle passe au rouge groseille.

Essayée par le deuxième procédé, elle passe au bistre, au jaune pâle, au minium.

Essayée par le troisième procédé, 10 gouttes d'acide sulfurique et 10 gouttes d'acide azotique ne solidifient pas l'huile non épurée ; elle passe au brun, et une matière noire se dépose. L'huile épurée passe à la couleur orange, et en 24 heures elle devient pâteuse.

Essayée par le quatrième procédé, la mousse est jaune orange, et l'huile qui se rassemble sous la mousse est orange.

L'huile de colza qui ne donne plus d'auréole bleu pâle par l'acide sulfurique se trouve très-rarement dans le commerce. Cette huile, ainsi altérée, se colore comme celle qui a été bien conservée, en l'essayant par les premier, deuxième et quatrième procédés.

Les caractères qui distinguent l'huile de colza sont les suivants :

1° Par le premier procédé, elle passe au rouge orange ou au rouge groseille ;

2° Par le deuxième procédé, elle passe au bistre, au jaune pâle, au minium ;

3° Par le quatrième procédé, elle donne une mousse jaune orange ;

4° En mélangeant 20 grammes de cette huile avec 10 gouttes d'acide sulfurique, elle passe au vert indigo très-foncé, caractère que ne possède l'huile de sézame qu'après l'addition de 10 gouttes d'acide azotique.

—

HUILE DE PIEDS DE BŒUF.

Cette huile est extraite des pieds du bœuf ou de la vache parfaitement dénudés de chair et de nerfs. Elle est d'une couleur jaune paille, ou paille à peine verdâtre, sans odeur et d'une saveur agréable. Elle est épaisse et ne se concrète que par un grand froid. Elle se conserve fort long-temps sans rancir. Sa densité à 15° est de 0,916.

Un courant de chlore gazeux la blanchit et ne la colore pas en brun, coloration que ce corps fait prendre à d'autres huiles animales.

Lorsqu'on l'essaie par deux gouttes d'acide sul-furique, comme il a été dit pour l'huile de colza, il se produit d'abord une tache d'un jaune pâle qui disparaît pour laisser la tache d'un blanc louche légèrement grisâtre. Quand l'huile est vieille, l'acide sulfurique la colore en jaune foncé, la tache passe au gris marron. L'addition d'une autre huile animale fait que la tache est *rouge*, *brune* ou *noire*.

Lorsqu'on l'essaie par un dégagement de bi-oxide d'azote, la mousse que cette huile produit est paille verdâtre ; l'huile qui se réunit sous la mousse se colore en *olive* ou en *paille verdâtre*.

Mélangée avec l'huile de baleine, si on l'essaie de 16 à 20° par le deuxième procédé, elle fait effervescence et passe au marron. Pure, l'huile de pieds de bœuf se colore en bleu vert-de-gris comme celle d'olive.

Mélangée avec les huiles d'œillette ou de baleine, un courant de bi-oxide d'azote la colore en orange, et l'huile qui se réunit sous la mousse est jaune orange.

Il faut au moins douze pieds de bœuf ou de vache pour obtenir un litre d'huile ; c'est pourquoi il est presque impossible de rencontrer dans le commerce de l'huile de pieds de bœuf qui soit pure. Celle que l'on y trouve est ordinairement un mélange de graisse de cheval qui est presque liquide à la température ordinaire, ou d'autre graisse animale et d'huile d'olive.

Dans les essais qui suivent il ne sera plus question de cette huile.

TROISIÈME PARTIE.

DE L'ESSAI DES HUILES POUR FABRIQUES.

Ces huiles, essayées par le *premier* procédé, se colorent de plusieurs manières ; ces colorations permettent de les diviser en quatre séries, qui sont :

Se colore en nanquin, paille pâle ou paille foncée.

Nota. — Lorsque cette huile est en partie décolorée par suite de la fermentation, elle passe au rouge. Cette coloration, qui se présente très-rarement pour les huiles à fabriques, n'a pas lieu pour l'huile d'olive servant à l'alimentation, parce

que celle-ci n'est jamais vieille, et qu'elle est toujours conservée avec soin.

2ᵉ SÉRIE.

Mélange d'olive
et d'arachide.

Ce mélange se colore en gris ou en brun.

3ᵉ SÉRIE.

Arachide.

Se colore en brun suie.

4ᵉ SÉRIE.

Mélange d'olive
et de sésame,
d'olive
et de colza,
de colza et de lin.

Ces mélanges se colorent en jaune orange ou
en rouge; l'acide se colore en jaune orange ou en
infusion de safran, ou ne se colore pas.

Je suppose que l'on ait à essayer une huile, et
qu'il faille dire ce qu'elle est, voici comment il
faut opérer :

Si l'huile est trouble, on la filtre; si elle contient de l'eau, on la mélange avec un peu d'amidon de blé, ou mieux de fécule de pomme. de
terre, et on la filtre. On l'essaie par le premier
procédé, en se plaçant dans les meilleures conditions, c'est-à-dire en opérant à une température
de 16 à 17°, en employant 5 centim. cubes d'acide
sulfurique.

Huile d'olive
dans laquelle des
substances
colorables se sont
modifiées,
par suite de la
fermentation
et de
son exposition
prolongée au
soleil.

Si l'huile se colore en rouge orange, et l'acide
en jaune infusion de safran, on peut croire à la
présence de l'huile de sésame. Si l'huile, essayée
par le second procédé, passe au bleu vert-de-gris;
si, essayée par le troisième procédé, elle est colorée en citron ou citron avec légère nuance orange
à la sortie du bain, et si elle se solidifie en 1 h. 40'

environ en passant au beurre frais pâle; si, essayée par le quatrième procédé, la mousse, vue par transparence, est couleur paille pâle ou paille un peu verdâtre; vue verticalement, si elle est couleur paille non mûrie, on a l'huile d'olive qui se rencontre très-rarement dans le commerce. Cette huile a perdu sa nuance jaune clair ou verdâtre pour devenir à peu près incolore.

(L'huile dont il s'agit, lorsqu'elle est très-rance, se solidifie difficilement.)

Si, par le premier procédé, l'huile passe à la couleur nanquin, paille pâle ou paille foncée, paille avec très-légère nuance jaunâtre, et si l'acide ne se colore pas ou prend une nuance à peine verdâtre; si, par le deuxième procédé, l'huile passe au bleu vert-de-gris; si, par le troisième procédé, elle se solidifie et passe au beurre frais pâle; si, par le quatrième procédé, la mousse, vue par transparence, est paille pâle ou paille un peu verdâtre; vue verticalement, si elle est couleur paille non mûrie, on a l'huile d'olive *vierge*, *ordinaire, de recence, tournante,* etc.

Si, par le premier procédé, l'huile passe au *gris* ou au *brun;* si, par le deuxième procédé, elle passe au vert pomme ou au jaune; si, par le troisième procédé, à la sortie du bain elle est colorée en rouge pâle, rouge foncé ou rouge vineux; si la solidification n'a pas lieu ou se fait très-diffici-

1re SÉRIE.
—
COLORATION
PAILLE.
Olive
commerciale.

2e SÉRIE.
—
COLORATION
GRISE OU BRUNE.
Olive
et arachide.

ler, ement; si l'huile solidifiée ressemble à la cire jaune ou à l'huile de palme; si, essayée par le quatrième procédé, la mousse est couleur jaune pâle, on a les huiles d'olive et d'arachide mélangées. — (La mousse est jaune lorsque la proportion d'arachide est de 40 à 50 p. 0/0.)

3ᵉ SÉRIE.
—
COLORATION BRUN SUIE.
Arachide.

Si, par le premier procédé, l'huile passe à la couleur brun suie; si, par le deuxième procédé, elle passe au citron ou au citron un peu orangé; si, par le troisième procédé (10 gouttes d'acide sulfurique et 10 gouttes d'acide azotique), à la sortie du bain elle est rouge vineux; si elle ne se solidifie pas, et s'il se forme un dépôt brun floconneux abondant; si, par le quatrième procédé, elle donne une mousse jaune citron, on a l'huile d'arachide.

4ᵉ SÉRIE.
—
COLORATION ROUGE.
Sésame.

Si, par le premier procédé, l'huile passe au brun rouge, au rouge orange, et si l'acide se colore en orange ou en jaune infusion de safran; si, par le deuxième procédé, l'huile passe à l'orange ou au rouge brique; si, par le troisième procédé, l'acide sulfurique n'en altère pas sensiblement la couleur et si, après l'addition de l'acide azotique, elle passe rapidement à l'indigo foncé et ensuite au rouge sale; si, à la sortie du bain, elle est rouge ou rouge vineux, et si la solidification n'a pas lieu avec 10 gouttes de chaque acide; si, par le quatrième procédé, la mousse est orange et ensuite jaune orange, on a l'huile de *sésame*.

Si, par le premier procédé, l'huile passe au *Sésame et olive.* jaune foncé ou à l'orange, et si l'acide se colore en jaune orange ou en jaune infusion de safran ; si, par le deuxième procédé, l'huile se colore en jaune plus ou moins foncé ; si, par le troisième procédé, le mélange des deux acides la fait passer rapidement à l'indigo et ensuite au jaune sale, au rouge sale ; si à la sortie du bain elle est rouge ; si, solidifiée, elle est jaune comme l'huile de palme ; si, par le quatrième procédé, la mousse est jaune, et si l'huile qui se rassemble sous la mousse est jaune orange, on a les huiles de *sésame* et d'*olive* mélangées.

(La coloration indigo ne se développe bien que quand l'huile de sésame se trouve dans le mélange dans la proportion minimum de 20 p. 0/0.)

Si, par le premier procédé, l'huile passe au *Sésame et arachide.* brun rouge et si l'acide se colore en orange ou en infusion de safran ; si, par le troisième procédé (10 gouttes d'acide sulfurique et 20 gouttes d'acide azotique), elle n'est pas solidifiée en 2 h. 30' environ, ou si elle se solidifie difficilement ; si, par le quatrième procédé, la mousse est d'abord orange et ensuite jaune foncé, on a les huiles de *sésame* et d'*arachide* mélangées.

Si, par le premier procédé, l'huile passe au *Colza.* rouge orange ou au rouge groseille, et si l'acide ne se colore pas en orange ou en infusion de safran; si, par le second procédé, l'huile passe à la couleur bistre, jaune ou minium; si, par le troisième procédé, l'acide *sulfurique seul* la colore en vert bleu très-foncé; si à la sortie du bain elle est orange ou brun orange; si, après avoir fait tomber 10 gouttes d'huile sur une lame de verre au-dessous de laquelle se trouve une feuille de papier blanc, on l'essaie par 2 gouttes d'acide sulfurique, il se forme autour de l'acide une auréole bleue pâle qui disparaît en un quart d'heure, on a l'huile de *colza*.

Colza et olive. Si, par le premier procédé, l'huile passe au jaune orange, et si l'acide ne se colore pas en jaune; si, par le deuxième procédé, l'huile se colore en vert pomme ou en jaune pâle; si, par le troisième procédé, l'acide sulfurique *seul* la fait passer au vert bleu très-foncé; si à la sortie du bain l'huile est orange et reste longtemps liquide en conservant sa couleur orange; si, en essayant 10 gouttes d'huile par 2 gouttes d'acide sulfurique, il se forme une auréole bleue pâle qui disparaît facilement; si, par le quatrième procédé, la mousse est jaune citron, on a les huiles d'*olive* et de *colza* mélangées.

Colza et lin. Si, par le premier procédé, l'huile se colore en rouge foncé ou en brun rouge; si, à une température de 16 à 20°, essayée par le deuxième procédé, l'huile fait effervescence, passe au *brun*, et s'il se *dépose de l'huile ;* si, par le quatrième procédé, la mousse est jaune orange et très-volumineuse, on a les huiles de *colza* et de *lin* mélangées.

Nota. — Si la température est trop basse, la réaction de la liqueur d'essai sur l'huile de lin n'est pas assez vive, et l'huile altérée ne se dépose pas.

Si, essayée par le deuxième procédé et à une *Colza et baleine.* température de 16 à 20°, l'huile fait effervescence, passe au *brun, sans dépôt d'huile,* on a les huiles de *colza* et de *baleine* mélangées.

Tels sont les essais qualitatifs par lesquels on appréciera la pureté des huiles employées dans l'industrie. On pourra connaître la composition de leurs mélanges en opérant comme il va être dit.

QUATRIÈME PARTIE.

OLÉOMÉTRIE.

DOSAGE PAR LES VOLUMES.

§ I.

OLIVE ET ARACHIDE MÉLANGÉES.

Il est plus facile de doser un mélange d'huiles d'olive et d'arachide par le premier que par le second procédé.

On emplit d'huile d'arachide un flacon de la contenance de 15 centim. cub.; ensuite, on fait tomber goutte à goutte, à l'aide de ce flacon, dans un tube gradué, s. q. d'huile pour mesurer quatre centimètres cubes. On connaît de cette manière le nombre de gouttes nécessaire pour représenter ce volume. On vide le tube gradué et on l'essuie avec un linge ou du papier buvard. Je suppose qu'il ait fallu 90 gouttes d'huile d'arachide pour mesurer 4 cent. cub., à la température à laquelle on opère.

On emplit à moitié le tube gradué avec de l'huile d'olive, ensuite on y introduit 9 gouttes d'huile d'arachide, on achève de compléter les 4 centim. cubes avec s. q. d'huile d'olive, on ferme le tube avec le pouce et on l'agite pour mélanger les deux huiles. On a de cette manière un mélange A qui contient le 10ᵉ de son volume d'huile d'arachide.

On essaie ce mélange par le premier procédé.

On fait un second mélange B avec 18 gouttes d'huile d'arachide ; un troisième mélange C avec 27 gouttes ; un quatrième mélange D avec 36 gouttes, et un cinquième mélange E avec 45 gouttes. On essaie ces mélanges B, C, D, E de la même manière que le mélange A.

On essaie en dernier lieu 4 cent. cub. d'huile dont on recherche la composition.

Les mélanges A, B, C, D, E donnent des tons bruns de plus en plus foncés, constituant une gamme. L'huile essayée vient ordinairement se placer dans la gamme entre deux essais dont on connaît les proportions, à moins que le mélange sur lequel on opère ne contienne plus de 50 p. 0/0 d'huile d'arachide. Si l'huile qui est à reconnaître se colore plus que le mélange B et moins que le mélange C, on dit qu'elle contient en moyenne les $\frac{25}{100}$ de son volume d'huile d'arachide, soit 25 litres de l'une et 75 litres de l'autre.

Pour contrôler le résultat qui vient d'être obtenu, on pourra essayer les mélanges A, B, C, D, E par le second procédé, mais en opérant à une température qui ne soit pas inférieure à 10° et supérieure à 12°.

On obtiendra encore une gamme colorée, et l'huile viendra se placer entre deux mélanges dont les proportions seront connues. Pour bien réussir, il ne faudra pas employer plus de 3 cent. cub. de liqueur d'essai quand celle-ci est préparée depuis une demi-heure à une heure, parce qu'il ne faut pas trop colorer l'huile d'olive qui, en ce cas, empêcherait de bien apprécier la coloration que prend l'huile d'arachide.

Quand le mélange d'olive et d'arachide est coloré par l'indigo, le premier procédé fait prendre à ce mélange une coloration qui peut être évaluée à $\frac{2}{100}$ d'huile d'arachide; par le second procédé, on colore ce mélange comme s'il ne contenait pas d'indigo.

—

OLIVE ET SÉSAME MÉLANGÉES.

On peut opérer très-facilement par les premier et deuxième procédés.

Je suppose qu'à une température de 15 à 20° il faille 100 gouttes d'huile de sésame pour mesurer 4 cent. cubes. On fait avec les huiles d'olive et de sésame un mélange A qui renferme 10 gouttes d'huile, et on l'essaie par le premier procédé; des mélanges B, C, D, E avec 20, 30, 40, 50 gouttes d'huile de sésame, et on les essaie de la même manière que le mélange A. On a les huiles A, B, C, D, E, qui contiennent 10, 20, 30, 40, 50 p. 0/0 de leur volume d'huile de sésame, et qui forment deux gammes colorées par l'huile et l'acide.

On essaie l'huile qui est à reconnaître. Elle se colore en jaune ou en orange; l'acide se colore en jaune infusion de safran.

Par la coloration de l'huile et celle de l'acide, on pourra, en consultant les gammes, donner en moyenne les proportions des deux huiles mélangées.

Si l'on fait usage du deuxième procédé, il sera très-facile de connaître la composition du mélange, en opérant à 10° ou 12°.

—

OLIVE ET COLZA MÉLANGÉES.

Le procédé qui réussit le mieux pour le dosage de ce mélange est le deuxième, en opérant à une température de 10 à 12°.

—

SÉSAME ET ARACHIDE MÉLANGÉES.

Le procédé qui réussit le mieux pour ce dosage
est le premier, en opérant à une température de
10 à 14°, avec 6 cent. cub. d'acide sulfurique.
On a deux gammes colorées qui sont l'huile et
l'acide.

—

COLZA ET LIN MÉLANGÉES, COLZA ET BALEINE MÉLANGÉES.

On ne peut connaître la composition de ces
mélanges que par le premier procédé.

—

Les mélanges dont il vient d'être parlé donnent
en moyenne la composition d'un mélange binaire.
Si la coloration que prend l'huile essayée est plus
grande que celle d'un mélange à 20 p. 0/0, et
moins grande que celle d'un mélange à 30 p. 0/0,
la moyenne 25 s'approchera beaucoup de la vé-
rité. L'erreur qui pourra être commise sera environ de 1 à 2 p. 0/0, soit en plus, soit en moins.
L'approximation en moyenne pourra donc suffire
dans la plupart des essais commerciaux.

———

DOSAGE PAR LES POIDS.

§ II.

On prépare d'abord une solution aqueuse de
potasse, une solution alcoolique d'essence de téré-

benthine, et en dernier lieu une solution alcoolique de brôme.

PREMIÈRE SOLUTION.

P. Potasse caustique à l'alcool . . . . 5 gram.
   Eau distillée. . . . . 95 gram.

   Solution de potasse à 5 p. 0/0. . . . . 100 gram.

DEUXIÈME SOLUTION.

P. Essence de térébenthine rectifiée. . . . . 2 gram.
   Alcool à 0,86 . . . . 98 gram.

   Solution d'essence de térébenthine à 2 p. 0/0 . . 100 gram.

TROISIÈME SOLUTION.

P. Brôme pur . . . . 20 gram.
   Alcool à 0,50 . . . . 40 gram.

   Solution de brôme . . . . 60 gram.

Les deux premières solutions peuvent être préparées à l'avance; on les conserve dans des flacons fermés à l'émeri. La solution de brôme doit être préparée au moment même du dosage. On pèse l'alcool dans un flacon à l'émeri, le brôme dans un autre flacon à l'émeri. On peut se servir, pour ces deux pesées, de même que pour celles qui suivent, d'une balance construite d'après le système Béranger. On fera bien de faire refroidir préalablement le brôme avant la pesée. Il faut se mettre au grand air pour introduire le brôme dans le flacon destiné à le contenir, afin d'éviter toute vapeur qui pourrait détériorer la balance. On introduit environ 20 grammes de brôme dans un flacon à l'émeri et on le ferme. On pèse. Si le poids trouvé est de 18, 19 ou 20 grammes, on introduit dans un autre flacon s. q. d'alcool à 0,50 pour avoir 36, 38 ou 40 grammes, c'est-à-dire deux fois le poids du brôme. De cette manière on a brôme 1, alcool 2. On doit obtenir pour le moins 50 grammes de cette solution.

On introduit en deux ou trois fois le brôme dans le flacon qui contient l'alcool, et non l'alcool dans le flacon qui contient le brôme. On a soin, après chaque addition de brôme, de bien refroidir le mélange sous un filet d'eau, pour éviter autant que possible la réaction trop vive du brôme sur l'alcool. Quand le mélange est refroidi, on verse la solution de brôme dans le flacon où ce corps a été pesé, afin de dissoudre le peu de brôme qui a pu y rester.

On obtient de cette manière la solution de brôme.

Je suppose que l'on ait à rechercher la composition en poids d'un mélange d'olive et de sésame.

On choisit trois tubes à pied, de la contenance de 50 centim. cubes; on ferme chaque tube avec un bouchon de liége. On place sur un plateau A de la balance un de ces trois tubes et son bouchon, sur le plateau B les deux autres tubes et leurs bouchons; on établit l'équilibre par des poids placés en A. Dans le tube du plateau A on pèse 5 gram. d'huile d'olive, dans un des tubes du plateau B on pèse 5 gram. d'huile de sésame, dans le dernier tube on pèse 5 gram. de l'huile à analyser. Ces trois pesées doivent être parfaitement faites. Ensuite, dans chaque tube on introduit 5 gram. de solution de potasse. On ferme les tubes avec les liéges disposés à cet effet, on agite fortement chaque tube pendant 30 *secondes*, après quoi on les débouche avec précaution. On place à côté de chacun d'eux sur les plateaux A et B les liéges qui viennent de servir. On introduit en dernier lieu, dans chacun de ces tubes, 16 gram. de solution de brôme *bien refroidie;* on les bouche de nouveau, on agite fortement chaque tube pendant 60 secondes. Quand on agite, il faut appuyer avec le pouce sur le bouchon, sans quoi le gaz qui se produit pourrait le faire sauter, et projèterait au-dehors du tube une partie du liquide. En ce cas, il faudrait recommencer l'opération.

Après avoir agité ces tubes pendant 60 secondes, on les laisse en repos. Si après un quart d'heure ils sont encore un peu tièdes, on les plonge dans un bain d'eau froide jusqu'aux trois quarts de leur hauteur; on les en retire quand ils sont refroidis. Toute la matière grasse s'est déposée après s'être combinée avec du brôme (1). Ce composé

---

(1) Lorsque le brôme réagit sur les corps gras, il peut se former des combinaisons brômées qui n'ont pas été étudiées jusqu'à ce jour; mais il se produit principalement de l'acide brômhydrique. Le brôme se substitue

d'huile et de brôme est épais et filant; il est surnagé par une liqueur qui est rouge, orange ou jaune. On pèse, dans un flacon de la contenance de 60 centim. cubes, 10 gram. de cette liqueur prise dans un des trois tubes; on y verse goutte à goutte, à l'aide d'une burette, s. q. de la solution de térébenthine, en agitant constamment le flacon qui renferme les 10 gram. de liqueur brômée. Cette liqueur passe successivement du rouge à l'orange, au jaune, et enfin, lorsqu'une dernière goutte lui a fait perdre sa nuance jaune, elle devient *blanche* comme du lait étendu d'eau. Quand la liqueur brômée a perdu sa nuance jaunâtre, on pèse, pour connaître le poids de solution de

---

à de l'hydrogène qui se trouve groupé dans les corps gras d'une manière spéciale. L'hydrogène éliminé provient plutôt des acides gras que de la glycérine, résultat facile à constater si l'on fait tomber quelques gouttes de brôme sur 5 gram. de glycérine d'une part, et la même quantité de brôme sur 5 gram. d'huile d'amandes douces d'autre part. Aussitôt que le brôme est mis en contact avec la matière grasse, il se produit de nombreuses bulles d'un gaz incolore, piquant, répandaut à l'air des vapeurs blanches. Ce gaz est de l'acide brômhydrique.

L'huile d'amandes douces brômée a perdu de sa couleur d'huile pour devenir un peu plus pâle, quoiqu'elle ait absorbé beaucoup de brôme. Les autres huiles grasses se comportent de même. La glycérine, d'incolore qu'elle était, se colore fortement en rouge; elle produit peu de bulles gazeuses dont le dégagement se fait lentement.

Le brôme, dont l'équivalent est 1000, se substitue à de l'hydrogène dont l'équivalent est 12,5; chaque fraction de 12,5 éliminée est remplacée, dans la constitution du corps gras, par une fraction proportionnelle de 1000. La fraction de 12,5 se combine à l'état naissant avec le poids proportionnel de 1000 pour former l'acide brômhydrique HBr. En cette circonstance, 12,5 font disparaître 2000.

Chaque espèce d'huile ABC peut être représentée par une constitution ou une composition chimique spéciale. Si l'on fait réagir le brôme sur ces corps, on sait qu'on élimine de l'hydrogène; mais cette élimination

térébenthine qui a été employé. On décolore, comme il vient d'être dit, 10 gram. de liqueur brômée retirée de chacun des deux autres tubes; on pèse de nouveau pour connaître les poids de liqueur térébenthinée par lesquels les deux dernières liqueurs brômées ont été décolorées.

On devra toujours arrêter l'addition de la liqueur térébenthinée aussitôt que la liqueur brômée est devenue *blanche*. Lorsqu'on a décoloré la liqueur provenant de l'huile de sésame, cinq minutes après avoir obtenu la coloration laiteuse, elle devient légèrement brune, coloration qu'elle conserve malgré l'addition d'une nouvelle quantité de térébenthine. Toutes les autres huiles grasses végétales donnent une liqueur qui reste blanche; toutes les huiles animales donnent la

---

n'ayant pas lieu dans la même proportion, le poids de brôme substitué doit être variable. Or, comme les huiles ABC ont été traitées par le même poids de solution de brôme, et qu'elles ont été placées dans des conditions de temps et de température exactement semblables, le brôme libre n'aura pas le même poids dans les liqueurs brômées DEF surnageant sur les matières grasses ABC. Dès lors, il faudra employer des poids variables de solution de térébenthine pour décolorer 10 gram. des liqueurs brômées DEF. S'il y a mélange, l'absorption du brôme sera proportionnelle à la composition de ce mélange, et par le poids de liqueur térébenthinée qui aura été employé on en connaîtra la composition, sachant d'avance les poids de cette liqueur par lesquels on apprécie séparément le pouvoir absorbant des huiles faisant partie du mélange.

La térébenthine qui réagit sur une liqueur brômée donne naissance à de l'acide brômhydrique, par des phénomènes de substitution qui se produisent plus facilement si l'on emploie des essences hydro-carburées (térébenthine, citron, thym, etc.) plutôt que des essences oxigénées (cannelle, menthe, etc.). L'emploi d'une solution aqueuse de potasse réussit moins bien qu'une solution alcoolique d'essence hydro-carburée, pour la décoloration d'une liqueur brômée.

même coloration laiteuse, à l'exception de l'huile de *phoque*, qui se comporte comme l'huile de sésame.

Il est donc très-facile d'apprécier quand une liqueur brômée n'est plus jaunâtre, et lorsqu'elle est blanche comme du lait étendu d'eau.

Si l'on a des mélanges d'olive et d'arachide, d'olive et de colza, d'olive et d'œillette, etc., à doser, on opérera comme il vient d'être dit pour comparer leur pouvoir absorbant (1).

Je suppose que le poids de solution de térébenthine nécessaire pour décolorer les 10 grammes de liqueur brômée provenant du traitement de l'huile d'olive soit de 10 gram. 7; que celui pour l'huile de sésame soit de 4 gram. 03; que celui pour l'huile mélangée soit de 7 grammes, voici comment il faut procéder pour connaître la composition de 100 grammes d'huile mélangée.

On a une simple règle de mélange pour partager proportionnellement 10,7 et 4,03 pour donner 7. C'est comme si l'on avait 100 litres de vin à 10 fr. 70, 100 litres à 4 fr. 03, qu'il faudrait mélanger pour faire 100 litres coûtant 7 francs. On a une fraction de 10 fr. 70 c. proportionnelle

---

(1) L'absorption du brôme est favorisée par une température élevée. Si l'on opère à 10, 15 ou 20°, le poids de liqueur térébenthinée est variable, mais les résultats du dosage seront les mêmes, car les trois huiles essayées étant placées dans des conditions égales de température, absorberont de ce corps une quantité toujours proportionnelle.

à une fraction de 100 litres de vin; une seconde
fraction de 4 fr. 03 proportionnelle à une fraction
de 100 litres du second vin. Ces deux fractions
réunies doivent donner 100 litres de vin mélangé
coûtant 7 francs.

On dit :

1° La différence de 4,03 pour donner 7 est de 2,97;
2° La différence de 10,7 pour donner 7 est de 3,7;

Ce qui fait :

Bénéfice . . . . 2,97 $\Big\}$ = 6,67.
Perte. 3,70

On a, pour former proportionnellement 7 :

1° Les $\frac{2,97}{6,67}$ de 10,7, correspondant aux $\frac{2,97}{6,67}$ de 100 grammes
d'huile d'olive (1);

2° Les $\frac{3,70}{6,67}$ de 4,03, correspondant aux $\frac{3,70}{6,67}$ de 100 grammes
d'huile de sésame;

Ce qui donne :

1° $\frac{10,7 \times 2,97}{6,67}$ x = 4,76446 correspondant à huile d'olive. . 44 gr. 5277
2° $\frac{4,03 \times 3,70}{6,67}$ y = 2,23553 correspondant à huile de sésame 55 gr. 4722

6,99999 huiles mélangées . . . . 99 gr. 9999

Il existe une manière plus facile de trouver ces
poids. Ainsi, 6,67 étant le total des différences de
7—4,03 et 10,7—7, on peut trouver les quantités
d'huiles représentées par ces différences, de même
que les poids de liqueur térébenthinée correspondant, à l'aide des deux proportions suivantes :

---

(1) Il a été employé 5 grammes d'huile, mais il est plus facile de cal-
culer sur 100 grammes, car les quantités composant 100 grammes sont
proportionnellement les mêmes que celles qui composent 5 grammes.

1° 10,7 — 4,03 : 7 — 4,03 :: 100 : x = olive . . . 44 gr. 5277
2° 10,7 — 4,03 : 10,7 — 7 :: 100 : y = sésame . . 55 gr. 4722

99 gr. 9999

Le mélange dont il s'agit serait composé de :

Olive . . . . 44 gr. 5277
Sésame . . . . 55 gr. 4722

Total . . . 99 gr. 9999

Si l'on suppose que ce soit du vin, on aurait :

Vin à 10 fr. 70 . . . . 44 lit. 52 coûtant . . . . 4 fr. 76
Vin à 4 fr. 03 . . . . 55 lit. 47 coûtant . . . . 2 fr. 23

Vin . . . . . 99 lit. 99 coûtant . . . . 6 fr. 99

Si un mélange d'huile était composé d'olive, de sésame et d'arachide, il serait indéterminé et ne pourrait être résolu que selon des probabilités. Pour trouver la composition de ce mélange, je donnerai seulement trois combinaisons différentes. L'opérateur admettra, de ces combinaisons, celle qui fera réaliser au vendeur le plus beau bénéfice.

A 15°, l'huile d'olive serait représentée par liqueur térébenthiné . . 10,7
Id.   celle d'arachide, par 9,2
Id.   celle de sésame, par 4,03
Le mélange de ces trois huiles, par. 8

Première combinaison.

1° 10,7   2° 9,2 + 4,03 = $\frac{13,23}{2}$ = 6,615

Ce qui donnerait :

10,7 — 6,615 : 8 — 6,615 :: 100 : x = olive . . . 33,9   p. liq. téréb. 3,6273
10,7 — 6,615 : 10,7 — 8 :: 100 : y = arachide 33,05   id.   3,0406
                                    z = sésame . 33,05   id.   1,3319

Huiles. . . . . 100 gr.   id.   8 gr.

Deuxième combinaison.

$$1° \ 10,7 \quad 2° \ 9,2 + 2 \ (4,03) = \frac{17,26}{3} = 5,753$$

Ce qui donnerait :

10,7 — 5,753 : 8 — 5,753 :: 100 : x = olive. . . 45,4 liq. téréb. 4,8578
10,7 — 5,753 : 10,7 — 8 :: 100 : y = sésame . 36,4　id.　1,4667
　　　　　　　　　　　　　　　　 arachide 18,2　id.　1,6744

　　　　　　　　　　　Huiles. . . . . 100 gr. id. 8 gr.

Troisième combinaison.

$$1° \ 10,7 \quad 2° \ 9,2 + 3 \ (4,03) = \frac{21,29}{4} = 5,3225$$

Ce qui donnerait :

10,7—5,3225 : 8—5,3225 :: 100 : x = olive. . . 49,79 liq. téréb. 5,32753
10,7 — 5,3225 : 10,7 — 8 :: 100 : y = sésame . 37,66　id.　1,51769
　　　　　　　　　　　　　　　　 arachide 12,55　id.　1,15460

　　　　　　　　　Huiles. . . . . 100 gr. id. 8 gr.

Si l'opérateur trouve que le procédé de dosage
par le brôme soit trop difficile, et s'il veut connaître le poids de chaque huile faisant partie d'un
mélange binaire, il multipliera le volume de ces
huiles par leur densité, c'est-à-dire que, si un
mélange était composé de 30 litres d'huile de sésame, et de 70 litres d'huile d'olive, on aurait :

Sésame. . . . 30 lit. × 923 gr. 5 = 27 kilo. 705 gram.
Olive. . . . . 70 lit. × 917 gr. = 64 kilo. 190 gram.

Huiles. . . . . . 100 litres à 15° pesant 91 kilo. 895 gram.

Il sera donc possible, dans toutes les circons-
tances, de statuer sur la pureté des huiles indus-
trielles; de donner, à fort peu de chose près, leur
volume et leur poids, quand elles ont été mélangées par deux.

CINQUIÈME PARTIE.

DE L'ESSAI
DES HUILES D'OLIVE ET D'ŒILLETTE
SERVANT A L'ALIMENTATION.

HUILE D'OLIVE, DITE QUALITÉ FINE.

L'huile d'olive dite qualité fine qui se trouve dans le commerce est le plus souvent d'un jaune clair, assez rarement on en rencontre qui soit verdâtre. Elle est toujours d'un bon goût, car elle n'est jamais ancienne.

L'huile d'olive dite qualité fine, traitée par le premier procédé, passe à la couleur paille ;

Traitée par le deuxième procédé, passe au bleu vert-de-gris foncé ;

Traitée par le troisième procédé, passe au beurre frais pâle après qu'elle s'est solidifiée;

Traitée par le quatrième procédé, elle mousse en paille verdâtre, et la surface de cette mousse est paille non mûrie.

On la mélange plutôt avec les huiles de sésame ou d'œillette qu'avec celle d'arachide, parce qu'il est très-facile de reconnaître cette dernière par son goût de haricots verts.

Son mélange avec l'huile de sésame sera reconnu par les 1er, 2e, 3e et 4e procédés.

Son mélange avec l'huile d'œillette sera reconnu par le second et le quatrième procédés.

L'addition de 5 0/0 d'œillette à l'huile d'olive fait prendre à la mousse une couleur citron bien caractérisée. Le quatrième procédé sera beaucoup plus sensible que le second pour apprécier 5 0/0 d'œillette.

—

HUILE D'ŒILLETTE, DITE FINE DU NORD.

L'huile d'œillette qui sert à l'alimentation ne peut être mélangée qu'avec l'huile de sésame bon goût, et non avec celle d'arachide. On pourrait encore la mélanger avec l'huile de faîne.

L'huile d'œilletté traitée par le premier procédé à 16 ou 17°, passe à la couleur *saumon;* l'acide ne se colore pas.

Si elle est mélangée avec l'huile de sésame,

elle passe au *rouge*, et l'acide se colore en jaune *infusion de safran*.

L'huile d'œillette mélangée avec l'huile de faîne passe au rouge plus ou moins foncé ; l'acide ne se colore pas.

L'huile d'œillette traitée par le deuxième procédé se colore en rouge brique pâle. Traitée par le troisième procédé, à la sortie du bain elle est couleur citron et passe, en se refroidissant, au jaune orange.

Traitée par le quatrième procédé, la mousse, qui est orange très-foncé, devient très-volumineuse ; elle dépasse les bords du verre dont elle sort en partie.

Pour trouver la composition d'un mélange d'œillette et de sésame, on fera usage du premier procédé. L'acide et l'huile formeront deux gammes colorées. L'huile mélangée, par la coloration qu'elle prendra, viendra se placer dans la gamme entre deux mélanges dont les proportions seront connues.

PREMIÈRE PARTIE.

DES SAVONS.

CARACTÈRES DE LEUR SOLUTION AQUEUSE. ACIDE NORMAL ET LIQUEUR ALCALINE.

Les savons employés dans l'industrie sont formés d'acides gras, de soude ou de potasse et d'eau. Ces acides, qui sont solides ou liquides à la température ordinaire, proviennent de matières grasses d'origine animale ou végétale.

Le savon d'acide oléique contient souvent de la résine.

Le savon blanc obtenu selon le procédé marseillais, à la marque H. Arnavon, Payen, etc., est formé de :

60 à 64 d'acides gras;

30 à 34 d'eau;

6 de soude environ.

On rencontre dans le commerce du savon blanc qui renferme 40 à 50 p. 0/0 d'eau.

Le savon marbré, à cause de la marbrure, ne peut en renfermer au-delà de 34 p. 0/0.

Lorsque le savon se sépare d'une solution saline saturée, il est formé de :

      Acides gras. 77

      Soude 7

      Eau. 16

Lorsqu'il est anhydre, le même savon renferme en nombres ronds :

      Acides gras. 91

      Soude 9

Dans certaines industries, on se sert de savons dans lesquels il entre plus de 6 p. 0/0 de soude. Ces savons, par leur excès d'alcali, et selon leur mode de fabrication, sont susceptibles de s'hydrater au point de renfermer jusqu'à 50 ou 60 p. 0/0 d'eau.

Les matières grasses qui entrent dans les savons sont généralement les acides oléique, margarique, stéarique et palmitique. La consistance plus ou moins grande de la solution aqueuse d'un savon est due à la présence des acides gras solides, ou à un excès d'alcali.

Pour préparer une solution aqueuse de savon, on prend 10 grammes du savon à essayer, que l'on introduit dans un flacon à large ouverture; on y ajoute 90 grammes d'eau distillée froide, et on le fait dissoudre à la chaleur du bain-marie. On verse cette solution dans une éprouvette à pied de la contenance de 100 cent. cubes. Après une heure environ, on en examine la consistance, la transparence et l'état cristallin.

Les savons durs donnent généralement une solution qui se prend, par le refroidissement, en une masse opaque où l'on remarque souvent, après un certain temps de préparation, des cristallisations finement radiées. Etendue d'eau froide, cette solution se dédouble en sel acide qui se dépose, et en sel alcalin qui reste dissous. Le sel acide se dépose quelquefois sous la forme d'une substance floconneuse sans consistance : il est ordinairement plus riche en acides solides qu'en acides liquides; d'autres fois, comme avec une solution de savon de coco étendue de son volume d'eau, le sel acide qui se dépose affecte une forme cristalline, et reste attaché aux parois du vase dans lequel le mélange a été conservé.

Une solution faite à chaud avec 10 grammes de savon d'olive et 90 grammes d'eau distillée est transparente tant que cette solution est chaude ; mais à mesure qu'elle se refroidit elle devient de plus en plus opalescente, et enfin, lorsqu'elle est tout-à-fait froide, elle est entièrement opaque. Sa consistance a quelque analogie avec celle du blanc d'œuf; elle peut être étirée en longs fils ténus; après quelques jours de préparation, elle a perdu de sa consistance, mais elle donne encore des fils très-ténus.

Si dans le savon qui a été dissous il est entré des acides gras provenant d'un mélange d'huiles d'olive et de sésame, d'olive et d'arachide, etc., la solution est beaucoup moins opaque et sa consistance est moins grande que celle que produit le savon d'olive. Si dans la composition de ce dernier il est entré de l'huile de coco, la solution ressemble à une émulsion en partie caillebotée.

Une solution de savon de coco étendue de son volume d'eau produit, après douze heures de repos, un précipité abondant et cristallin; la liqueur qui le surnage est incolore.

En général, une solution faite avec 10 grammes de savon et 90 grammes d'eau distillée donne, par le refroidissement, une solution d'autant plus opaque et plus consistante qu'elle renferme davantage d'acides solides et d'alcali, sans toutefois que l'alcali dépasse une limite déterminée.

Les savons fabriqués avec les acides gras solides donnent une solution qui est solide. Ainsi, 3 gram. de savon de suif et 97 gram. d'eau produisent une solution solide.

Le savon dans lequel dominent les acides gras liquides donne généralement une solution incolore à une température de 85 à 100°. Lorsque les acides gras dominent, comme dans le savon de suif, la solution est très-nébuleuse. Si le savon essayé contient de la résine, à 85 ou 100° la solution est très-opaque; après quelques heures de préparation, cette solution se partage en trois parties. La partie supérieure, qui est à peu près transparente, contient peu de résine et beaucoup d'alcali, la partie moyenne est complètement opaque; la partie inférieure est formée d'une matière blanche qui s'est déposée, matière qui paraît être de la résine à peu près pure, c'est-à-dire combinée avec fort peu d'alcali.

Tous les savons sont plus pesants que l'eau. Ils ne se comportent pas de la même manière lorsqu'ils sont mis en présence de l'eau chaude. Si l'on introduit un morceau de savon du poids de 10 gram. dans un flacon à large ouverture contenant 90 gram. d'eau distillée froide, et si l'on chauffe le tout au bain-marie, les savons fabriqués avec les huiles d'olive, de palme, le suif, l'acide oléique, etc., se détachent du fond du vase, surnagent et deviennent transparens de la circonférence au centre; bientôt, par leur contact avec l'eau chaude, leur transparence est complète. Le contraire a lieu si le savon a été fabriqué avec l'huile de coco ou avec la résine. Ces savons restent au fond du vase et se dissolvent avec la plus grande facilité.

Les savons d'olive, de suif, etc., conservent leur transparence tant qu'ils sont en contact avec l'eau chaude. Si l'on sort de l'eau chaude le savon transparent, il conserve quelque temps sa transparence, mais si le savon transparent est sorti à moitié de l'eau qu'on a laissé refroidir, la partie qui est restée en contact avec ce liquide redevient blanche et opaque, tandis que l'autre partie reste transparente.

Si le savon redevient opaque par son contact avec l'eau froide, c'est qu'il doit s'hydrater comme le font d'autres sels, mais avec cette particularité que l'hydratation dont il s'agit donne lieu à un corps opaque, tandis que des sels métalliques effleuris, par conséquent opaques, redeviennent transparents lorsqu'ils s'hydratent de nouveau.

Le savon qui est mis en présence de l'eau chaude perd d'abord une partie de son alcali, de son eau et de sa matière grasse; il devient plus riche en acides solides, et il est moins aqueux. Sa transparence est d'autant plus grande qu'il renferme moins d'eau et d'alcali; ensuite, sa solution dans l'eau chaude sera retardée s'il contient plus d'acide stéarique que d'acide margarique, et plus de ce dernier que d'acide oléique.

Enfin, chaque genre de savon, par sa solubilité dans l'eau chaude, par la transparence et la consistance de sa solution aqueuse, offre à l'observateur des nuances plus faciles à saisir à l'aide d'un examen comparatif.

Après avoir étudié les caractères de la solution aqueuse d'un savon, il sera très-facile d'en déterminer la composition par la méthode qui suit. Cette méthode, qui consiste à mesurer les principes constituants d'un savon pour en connaître le poids, est la *Savonimétrie* (1). Par elle, l'industriel pourra, en une demi-heure, essayer plusieurs échantillons de savon, les comparer entre eux, et choisir celui qui convient le mieux pour l'usage auquel il le destine.

Pour opérer selon cette méthode, il faut préparer à l'avance deux liqueurs, l'une qui est acide, l'autre qui est alcaline. Ces deux liqueurs, qui doivent être conservées dans des flacons bouchés à l'émeri, se conservent parfaitement. Dans les

---

(1) Expression technique employée dans l'industrie plutôt que *saponimétrie*.

4

grands ateliers où l'on emploie beaucoup de savon, on fera bien d'avoir à sa disposition au moins un litre de chacune d'elles.

—

PRÉPARATION DE LA LIQUEUR ACIDE, DITE ACIDE NORMAL.

Pr. Acide sulfurique monohydraté (66°) 189 gr. 84.
Eau distillée. . . . .   s. q.

Pour obtenir, après le refroidissement du mélange, *un litre*, à une température de 15° (1).

—

PRÉPARATION DE LA LIQUEUR ALCALINE.

Pr. Carbonate de soude pur et desséché 41 gr. 046.
Eau distillée. . . . .   s. q.

---

(1) 10 centim. cubes d'acide normal contiennent 1 gram. 8984 d'acide sulfurique monohydraté, équivalent pour former un sel neutre avec soude 1 gram. 2, ou avec potasse 1 gram. 825.

L'équivalent de l'acide sulfurique monohydraté est de 612,5 (SO^3 500 + HO 112,5 = 612,5.)

L'équivalent de la soude est de 387,17 (NaO = 387,17).

On connaît le poids d'acide sulfurique nécessaire pour former un sel neutre avec soude 1 gram. 2 par :

$$\text{NaO} \quad SO^3HO \quad \text{NaO} \quad SO^3HO$$
$$387,17 : 612, 5 :: 1,2 : x = 1,8984$$

On connaît le poids de cet acide qui doit être mélangé avec s. q. d'eau pour former un litre de liqueur acide par :

$$\frac{8984 \times 1000 \text{ c. c.}}{1 \text{ gram.} \quad 10 \text{ c. c.}} \quad x = 189 \text{ gram. } 84$$

Pour préparer 50 centim. cubes de liqueur acide, on a :

$$\frac{8984 \times 50 \text{ c. c.}}{1 \text{ gram.} \quad 10 \text{ c. c.}} \quad x = 9 \text{ gram. } 492$$

Faire dissoudre le carbonate pour obtenir un litre de liqueur alcaline, à une température de 15° (1).

(1) 50 centim. cubes de cette liqueur doivent contenir soude 1 gr. 2, poids représenté par carbonate 2 gr. 0523.

Pour connaître le poids de carbonate de soude desséché qui doit représenter 1 gr. 2 de soude pour saturer 1 gr. 8984 d'acide sulfurique monohydraté que contiennent 10 centim. cubes d'acide normal, sachant que 612,5 d'acide sulfurique monohydraté saturent 662,17 de carbonate de soude (NaO 387,17 + CO^2 275 = 662,17). on a :

$$SO^3,HO \quad NaO,CO^2 \quad SO^3,HO \qquad NaO,CO^2$$
$$612,5 \; : \; 662,17 \; :: \; 1,8984 \; : \; x = 2,0523$$

On trouve 2 gr. 0523 de carbonate de soude *sans eau*, représentant 1 gr. 2 de soude qui, dissous dans s. q. d'eau distillée, doivent donner 50 centim. cubes de liqueur alcaline à 15° centig.

On connaît le poids de carbonate à faire dissoudre dans s. q. d'eau distillée pour obtenir *un litre* de liqueur alcaline, par :

$$2 \text{ gram.} \quad \frac{0523 \times 1000 \text{ c. c.}}{50 \text{ c. c.}} \quad x = 41 \text{ gram. } 046$$

DEUXIÈME PARTIE.

SAVONIMÉTRIE.

SAVONS COMPOSÉS D'ACIDES GRAS SOLIDES ET LIQUIDES.

§ I.

L'acide normal ainsi que la liqueur alcaline étant préparés, il s'agit de déterminer rapidement le poids de la matière grasse, de l'alcali et de l'eau, sans recourir à la pesée.

Pour obtenir ce résultat, on prend un tube gradué de la contenance de 50 cent. cubes divisés en 100 parties (alcalimètre) auquel on adapte un bouchon de liége; on y introduit 10 cent. cub. d'acide normal. Il faut bien mesurer cet acide.

On y ajoute ensuite 20 cent. cub. d'essence de térébenthine que l'on mesure bien, après quoi on pèse 10 grammes de savon *divisé en râclures très-minces*, que l'on introduit en dernier lieu dans le tube; on bouche le tube avec le liége disposé à cet effet; on agite pendant quelques minutes jusqu'à ce que le savon soit dissous; on abandonne au repos. Un quart d'heure suffit pour que la séparation de la térébenthine, de la matière grasse dissoute et de l'eau soit complète (1). La partie la plus pesante qui est de l'eau, du sulfate de soude et de l'acide sulfurique, gagne rapidement le fond du tube; la partie la plus légère, formée de térébenthine et de matière grasse, en occupe la partie supérieure; enfin, une couche formée de matière albumineuse ou animale en occupe la partie moyenne. Cette dernière couche, qui n'est ni de la matière grasse, ni de l'eau, est quelquefois assez volumineuse pour occuper toute la capacité du tube où se trouve l'acide normal. Une légère agitation suffit pour la rassembler en une couche très-mince. En cet état, elle se trouve placée entre l'acide normal et la térébenthine. Lorsque le savon contient de la résine, cette substance se sépare en partie de la matière grasse; elle forme une couche

---

(1) La dissolution de la matière grasse dans l'essence de térébenthine a lieu sans dilatation ni contraction du volume; il en est de même pour le mélange de l'acide normal et de l'eau.

qui se place entre la térébenthine et l'acide, mais elle conserve son volume, quoi que l'on fasse pour la rassembler en une couche mince.

Le volume de la térébenthine, y compris la matière grasse, doit être diminué environ de $\frac{1}{4}$ division, soit $\frac{1}{4}$ de centimètre cube, et le volume de l'eau doit être augmenté de la diminution qui a été faite du volume précédent. Cette correction doit être faite, parce que de l'eau s'attache aux parois du tube dont elle diminue le diamètre, ce qui fait que le volume le plus léger est un peu augmenté, et que le volume le plus pesant est un peu diminué.

Si l'on essaie du savon fait avec l'huile d'olive, le volume total est environ de 79 divisions 5; si l'on essaie du savon fait avec l'acide oléique, le volume total est environ de 80 à 81 divisions; si l'on essaie un savon fait avec des graisses ou des huiles pesantes, le volume est au-dessous de 79 div. 5. Ces volumes sont très-variables, parce que les savons peuvent contenir plus ou moins d'eau, et que les corps gras que l'on examine peuvent avoir un poids plus ou moins élevé.

Supposons que par l'essai d'un savon blanc d'olive nous ayons obtenu volume 79 div. 5, et que le volume de l'acide normal et de l'eau contenue dans les 10 gram. de savon essayé soit de 26 divisions, on a :

<pre>
Volume total . . . . 79 div. 5
Moins le volume de :
    L'acide et de l'eau . . . . . 26 » 0
    Pour la correction. . . . . . 0 » 5
                                  ――――――
            Ce qui donne . . . . 53 div. 0
Moins le volume de :
    La térébenthine . . . . 40 div.
                                  ――――――
        Le reste . . . . . . 13 div. = 13 c. c. / 2 = 6 c. c. 5
</pre>

Comme il a été employé 10 cent. cub. = 20 div. d'acide normal, et qu'après la décomposition du savon, le volume de l'eau acide est de 26 div. 5, on a :

$$\frac{26\ c.\ c.\ 5}{2} = 13\ c.\ c.\ 25 - 10\ c.\ c. = 3\ c.\ c.\ 25,$$

Ce qui fait :

<pre>
        Matière grasse . . . . 6 c. c. 50
        Eau et soude. . . . . 3 c. c. 25
                                    ――――――――
            Total . . . . . 9 c. c. 75
</pre>

Le savon étant plus pesant que l'eau, le volume 9 c. c. 75 en savon représente le poids de 10 c. c. d'eau.

Pour connaître le poids du centimètre cube de la matière grasse contenue dans quelques savons, dans le tube alcalimétrique il a été introduit 10 c. c. d'acide normal, 20 c. c. d'essence de térébenthine, et 10 gram. de savon râclé en couches très-minces; après la décomposition du savon, la hauteur du volume total de l'essence, de la matière grasse et de l'eau acide étant exactement prise, a été de

79 div. 5 ; le volume de la partie aqueuse a été de 26 divisions. En faisant la correction dont nous avons parlé, 10 gram. du savon essayé contiennent en volume :

$$\left.\begin{array}{l}\text{Matière grasse.} \ldots \ldots \text{6 c. c. 50} \\ \text{Eau et soude} \ldots \ldots \text{3 c. c. 25}\end{array}\right\} = 9 \text{ c. c. } 75.$$

D'autre part, nous avons fait dissoudre dans une capsule de porcelaine 10 gram. du même savon dans s. q. d'eau ; quand la solution a été faite, nous y avons ajouté s. q. d'acide sulfurique normal ; après la séparation des acides gras, nous y avons encore ajouté 10 gram. de cire blanche desséchée ; après la fusion de la cire, le mélange en a été fait avec la matière grasse ; après le refroidissement, le pain de cire a été desséché avec du papier buvard et pesé. Le poids total a été de 15 gram. 97. Du poids 15 gram. 97, si l'on diminue celui de la cire qui est de 10 grammes, le reste 5 gram. 97 représente le volume 6 cent. cub. 5 trouvé par la térébenthine. Pour connaître le poids du centimètre cube de la matière grasse contenue dans le savon de Marseille, on a :

$$\frac{5 \text{ gr. } 97}{6 \text{ c. c. } 5} \, x = 0 \text{ gr. } 91846.$$

Le poids du centimètre cube de la matière grasse contenue dans le *savon de Marseille*, poids résultant de plusieurs échantillons portant la marque H. Arnavon, Payen, Gourjou et Tivollier, Rivaltz aîné, etc., a été de 0,91846, 0,91875, 0,91921 ; la moyenne est de 0 gr. 91880.

Le poids du centimètre cube de la matière grasse du savon de coco est de 0,940 ;

Id. du savon de palme est de 0,922 ;

Id. du savon de suif est de 0,9714 ;

Id. du savon d'acide oléique est de 0,9003.

Le poids de la matière grasse étant connu, il nous reste à doser la soude et l'eau.

On ajoute au tube qui contient le mélange s. q. d'eau distillée pour élever le niveau de la térébenthine ; on enlève cette matière, ainsi que la matière grasse qu'elle tient en dissolution, à l'aide d'une petite pipette ou d'une seringue de verre ; on bouche le tube et l'on agite pour dissoudre le sulfate acide de soude qui a pu cristalliser ; on verse le mélange acide dans un verre à expérience ; on ajoute encore un peu d'eau dans le tube, afin d'enlever les dernières portions d'eau acidulée qui pourraient y rester, et l'on réunit cette eau de lavage à la première solution acide ; à cette solution l'on ajoute quelques gouttes de teinture de tournesol ; on essuie l'intérieur du tube alcalimétrique avec du papier buvard, après quoi on y introduit 50 centim. cubes de liqueur alcaline ; on verse peu à peu s. q. de cette liqueur dans le verre qui contient l'acide à doser, en mélangeant le tout avec une baguette de verre jusqu'à ce que le tournesol passe à la couleur *pelure d'oignon*. Il faut essayer de temps à autre la liqueur acide avec le papier de tournesol; quand ce papier ne rougit plus, on arrête l'addition de liqueur alcaline, dont on mesure le volume qui n'a pas été employé.

Supposons que les $\frac{30}{100}$ du volume alcalin aient été nécessaires pour la saturation de l'acide.

La liqueur alcaline contient dans 50 centim. cubes 1 gram. 2 de soude. Ce poids forme un sel neutre avec l'acide sulfurique contenu dans les 10 centim. cubes d'acide normal dont on s'est servi pour décomposer le savon. Si l'opérateur n'a employé que les $\frac{30}{100}$ de 50 centim. cubes de liqueur alcaline, c'est que le savon essayé contient les $\frac{10}{100}$ de 1 gr. 2 de soude. Donc, le volume non employé de liqueur alcaline contient exactement un poids de soude égal à celui qui se trouve dans les 10 grammes de savon analysé.

Pour faire l'application de ce mode de dosage, si l'opérateur a employé les $\frac{30}{100}$ du volume alcalin pour la saturation de l'acide, le savon essayé contient les $\frac{70}{100}$ de 1 gr. 2 de soude, soit 0 gr. 84 ou 8 gr. 40 p. 0/0; si le volume employé a été de $\frac{50}{100}$, le savon essayé contient 0 gr. 6 de soude, soit 6 p. 0/0, etc.

Si le dosage d'un savon mou doit être fait, ce qui reste du volume alcalin non employé représentera l'équivalent proportionnel de la potasse contenue dans le savon. L'équivalent de la soude étant de 1 gr. 2, celui de la potasse est de 1 gr. 825. Si le volume non employé est de $\frac{70}{100}$, c'est que le savon essayé contient dans 10 gram. les $\frac{70}{100}$ de 1 gr. 825 de potasse; si le volume non employé est de $\frac{40}{100}$, c'est que le savon contient les $\frac{40}{100}$ de 1,825, soit 9 gr. 125 de potasse p. 0/0.

Le poids de la soude ou de la potasse étant trouvé, il faut le diminuer de l'eau.

Le dosage d'un savon ayant donné en volume :

Matière grasse............	6 cent. cub. 50
Eau et soude.............	3 cent. cub. 25

Si le poids de la soude est de 0 gr. 60, on a :

Matière grasse 6 cent. cub. 5 × 0 gr. 91846 =	5 gr. 9699
Soude.......................	0 gr. 6000
Eau trouvée par différence	3 gr. 4301 (1)
Savon analysé, total......	10 gr. » »

Si le savon essayé contient de la glycérine, cette substance reste en dissolution dans l'acide nor-

---

(1) Si l'on prend 10 cent. cubes d'eau distillée et 5 gram. de potasse, le volume de la solution alcaline à 15° centig. est de 11 cent. cub. 75. En supposant que la soude donne le même résultat que la potasse, on a, pour connaître le volume de 0 gr. 60 de soude :

KO	Vol.		NaO		Vol.
5 gr. : 1 c. c. 75 :: 0 gr. 60 : x = 0 c. c. 21					

Ce qui donne pour le volume de l'eau :

3 c. c. 25 — 0 c. c. 21 = 3 c. c. 04 d'eau.

Le poids de l'eau 3 gr. 4301 trouvé par différence indique que le volume d'eau 0 c. c. 3901 s'attache en partie au bouchon et aux parois du ube non occupés par le liquide.

mal ; s'il contient de la farine, du tale, de l'argile, etc., toutes ces matières tombent immédiatement au fond du tube dans lequel la dissolution du savon a été opérée.

—

SAVON D'ACIDE OLÉIQUE ET DE RÉSINE.

§ II.

Si l'on traite 10 gram. de savon de résine par 10 cent. cubes d'acide normal et 20 cent. cubes d'essence de térébenthine, à peine la térébenthine dissout-elle de la résine ; si une certaine quantité de savon de Marseille, par exemple, est comprise dans le poids de 10 gram. de savon de résine, toute la matière grasse du savon de Marseille est dissoute par la térébenthine ; la résine ne s'y trouve dissoute que dans la proportion environ des $\frac{11}{100}$ d'un centim. cube ; elle forme une couche volumineuse qui vient se placer au-dessous de la térébenthine.

Cette séparation facile de la résine doit être attribuée à un état spécial qu'elle contracte en présence de l'eau, lorsqu'elle vient d'être séparée de sa combinaison avec la soude ou la potasse, par l'acide sulfurique.

Ces résultats ont été observés à l'aide des deux expériences qui suivent :

Première expérience.

10 gram. de savon d'olive, contenant fort peu

d'eau, ont donné pour le volume de leur matière grasse 8 cent. cub. 25.

Deuxième expérience.

8 gram. du même savon d'olive et 2 gram. de savon de résine ont donné un volume de matière grasse et de résine dissoute qui a été de 6 c. c. 75.

Pour connaître le volume provenant de 8 gram. de savon d'olive, on a :

$$10 \text{ gr.} : 8 \text{ c. c.} 25 :: 8 \text{ gr.} : x = \text{vol. } 6 \text{ c. c.} 60$$

Si du volume 6 cent. cub. 75 on retranche volume 6 cent. cub. 60, le reste 0 cent. cub. 15 indique que la térébenthine n'a dissous que les $\frac{15}{100}$ d'un centim. cube de résine.

Ce procédé d'analyse met en évidence une très-petite quantité de résine. Ainsi, le savon de Marseille qui ne contiendrait que 5 p. 0/0 de savon de résine, traité comme il vient d'être dit, donne un dépôt très-appréciable de résine.

Dans certaines fabriques de draps on emploie un savon noir, poisseux, fait avec de l'acide oléique et de la résine. Supposons que 10 gram. de ce savon aient donné par la cire un poids de matière grasse et de résine qui soit de 6 gr. 45; que par le traitement avec la térébenthine le volume de matière grasse et de résine dissoutes soit de 6 cent. cub. 25; et que pour le dosage de l'acide normal le volume employé de liqueur alcaline soit de $\frac{45}{100}$.

On diminue du volume 6 cent. cub. 25 le volume 0 c. c. 15, ce qui donne pour l'acide oléique 6 c. c. 25 — 0 c. c. 15 = 6 c. c. 10; on a :

Acids oléique 6 c. c. 10 × 0 gr. 9003 . . . . . 5 gr. 49183
Résine par différence (6 gr. 45 — 5 gr. 49183). 0   95817
Soude 1 gr. 2 × $\frac{68}{100}$ 0   81600
Eau par différence 2   73400
____
Savon d'acide oléique et de résine. . . . 10 gram.

Le poids de la cire donnera celui de la matière grasse et de la résine; le volume x centim. cubes de la matière grasse, moins le volume 0 c. c. 15 de résine, multiplié par 0 gr. 9003, poids du centimètre cube de l'acide oléique, donnera le poids de ce volume; par différence, on connaîtra le poids de la résine; le volume non employé de la liqueur alcaline donnera le poids de la soude ou de la potasse; enfin, par différence, on aura le poids de l'eau.

TROISIÈME PARTIE.

POTASSE ET SOUDE MÉLANGÉES.

DOSAGE.

Dans quelques savons il existe un mélange de potasse et de soude. On pourra connaître le poids de chaque alcali par la méthode qui suit :

On brûle x grammes de savon. On pèse les cendres, on les traite par l'eau distillée bouillante, on filtre, on verse un peu d'eau chaude sur le filtre pour le laver, on ajoute cette eau de lavage à la solution alcaline; ensuite, on brûle le filtre, on déduit le poids résultant de son incinération du poids total des cendres, et par différence on connaît le poids de la potasse et de la soude mélangées à l'état de carbonates.

Supposons que ce mélange pèse *trois* grammes.

On recherche d'abord par l'expérience directe le volume d'acide normal nécessaire pour saturer les 3 gram. du mélange. D'autre part, on recherche par le calcul le volume d'acide normal nécessaire pour saturer 3 gram. de carbonate de potasse et 3 gram. de carbonate de soude. Le volume d'acide normal par lequel on a saturé les 3 gram. du mélange sera intermédiaire entre les volumes qui doivent saturer 3 gram. de carbonate de potasse et 3 gram. de carbonate de soude. Par un partage proportionnel, on aura des fractions de potasse et de soude pour composer le poids du mélange que l'on veut connaître.

Supposons que le volume d'acide normal employé directement pour la saturation de 3 gram. du mélange soit de 13 centim. cubes (1).

Les volumes d'acide normal pour saturer trois grammes de carbonate de potasse et 3 gram. de soude doivent être ainsi cherchés, sachant que 10 cent. cubes d'acide normal contiennent acide sulfur. monohyd. 1 gr. 8984, et que son équivalent est de 612,5 ($SO^3 500 + HO\ 112 = 612,5$).

---

(1) Le carbonate de potasse a pour composition :

$$\left.\begin{array}{l} KO\ \dots\dots\dots\ 588,93 \\ CO^2\ \dots\dots\dots\ 275,00 \end{array}\right\} = KO,CO^2 = 863,93$$

Le carbonate de soude a pour composition :

$$\left.\begin{array}{l} NaO\ \dots\dots\dots\ 387,17 \\ CO^2\ \dots\dots\dots\ 275,00 \end{array}\right\} = NaO,CO^2 = 662,17.$$

Pour le carbonate de soude, on a :

$$NaO,CO^2 \quad SO^3,HO \quad NaO,CO^2 \quad SO^3,HO$$
$$662 \text{ gr. } 17 : 612 \text{ gr. } 5 :: 3 \text{ gr. } : x = 2 \text{ gr. } 774$$

Pour connaître le volume d'acide normal qui contient 2 gr. 774 d'acide monohydraté, on a :

$$SO^3,HO \quad Vol. \quad SO^3,HO \quad Vol.$$
$$1 \text{ gr. } 8984 : 10 \text{ c. c. } :: 2 \text{ gr. } 774 : x = 14 \text{ c. c. } 612.$$

On recherche de la même manière le poids d'acide monohydraté, et ensuite le volume d'acide normal qui contient le poids d'acide monohydraté nécessaire pour saturer 3 gram. de carbonate de potasse ; on a :

$$KO,CO^2 \quad SO^3,HO \quad KO,CO^2 \quad SO^3,HO$$
$$863,93 : 612,5 :: 3 \text{ gr. } : x = 2 \text{ gr. } 126$$
$$SO^3,HO \quad Vol. \quad SO^3HO \quad Vol.$$
$$1 \text{ gr. } 8984 : 10 \text{ c. c. } :: 2 \text{ gr. } 126 : x = 11 \text{ c. c. } 198 \text{ d'acide normal}$$
qui contiennent acide monohydraté 2 gr. 126.

Par l'expérience, nous avons dû employer 13 centimètres cubes d'acide normal pour titrer le poids d'alcali trouvé dans les cendres du savon brûlé.

Il est évident que si le poids d'alcali trouvé dans les cendres n'était formé que de carbonate de soude, le volume employé devait être 14 c. c. 612 d'acide normal ; que si, au contraire, le poids 3 gram. trouvé n'était composé que de carbonate de potasse, le volume employé devait être 11 c. c. 198 d'acide normal.

Mais comme le volume d'acide normal employé

a été de 13 cent. cubes, ce volume seul indique un mélange de potasse et de soude à l'état de carbonates.

Par un partage portionnel, on a le poids de carbonate de soude proportionnel à une fraction du volume 14 c. c. 612 d'acide normal; on a le poids de carbonate de potasse proportionnel à une fraction du volume 11 c. c. 198 d'acide normal.

Pour établir ce partage, on a :

1° Le bénéfice que le volume 11 c. c. 198 doit faire pour donner volume 13 cent. cubes, bénéfice qui est de 1,802;

2° La perte que le volume 14 c. c. 612 doit faire pour donner 13 cent. cubes, perte qui est de 1,612.

Ce qui donne :

$$\left. \begin{array}{l} \text{Bénéfice} \ldots \ldots \ldots 1{,}802 \\ \text{Perte} \ldots \ldots \ldots \ldots 1{,}612 \end{array} \right\} = 3{,}414$$

Pour composer le volume 13 cent. cubes, on prendra :

1° Les $\frac{1802}{3414}$ du volume 14 c. c. 612, correspondant aux $\frac{1802}{3414}$ de 3 gram. de carbonate de soude;

2° Les $\frac{1612}{3414}$ du volume 11 c. c. 198, correspondant aux $\frac{1612}{3414}$ de 3 gram. de carbonate de potasse.

On obtient pour le dosage :

$x =$ carb. de s. 1 gr. 5834 corr. à soude 0 gr. 9258 corr. à vol. d'ac. n. 7 c. c. 7126
$y =$ carb. de p. 1 gr. 4165 corr. à potasse 0 gr. 9656 id. id. 5 c. c. 2873

$x + y =$ mél. 2 gr. 9999 corr. à s. et à p. 1 gr. 8914 pour vol. trouvé 12 c. c. 9999

Dans l'analyse dont il s'agit, on ne peut guère se servir de la méthode suivante qui est due à Gay-Lussac, parce qu'il faudrait brûler une quantité considérable de savon, afin de pouvoir opérer sur 50 grammes de chlorures mélangés.

Voici cette méthode :

On transforme les deux carbonates en chlorures, et l'on chasse l'excès d'acide par la calcination. On prend 50 gram. du mélange qui doit être finement pulvérisé, on met ce mélange dans un flacon de verre pesant 185 gram., et contenant 200 grammes d'eau ; on agite avec une baguette de verre, et l'on observe l'abaissement de température produit par la dissolution du sel dans l'eau.

Le chlorure de potassium produit un abaissement de température de 11° 4 ; le sel marin, placé dans les mêmes conditions, produit un abaissement de 1° 9.

Si l'on suppose que le thermomètre marquant 15° centig. soit descendu, par l'effet de la dissolution du mélange salin dans l'eau, à 10° centig., on a 5° pour l'abaissement de la température.

En partageant proportionnellement 11° 4 et 1° 9 pour donner 5°, on a : 1° une fraction de 11° 4 correspondant à une fraction de 100 gram. de chlorure de potassium ; 2° une fraction de 1° 9 correspondant à une fraction de 100 gram. de chlorure de sodium ; on a :

1° Bénéfice. . . . . 5 — 1,90 = 3,10) = 9,50
2° Perte . . . . 11,4 — 5 = 6,40)

Ce qui donne :

1° Les $\frac{310}{950}$ de 11° 4, correspondant aux $\frac{310}{950}$ de 100 grammes de chlorure de potassium ;

2° Les $\frac{640}{950}$ de 1° 9, correspondant aux $\frac{640}{950}$ de 100 grammes de chlorure de sodium.

On a pour résultats du dosage :

Chlorure de potassium . .	32,63	corresp. à température	3° 72
Chlorure de sodium. . . .	67,37	id. id.	1° 28
Total.	100 gr.	abaissem. de températ.	5° centig.

DE L'ESSAI DE LA FARINE DE BLÉ.

---

§ Ier.

On sait qu'une même variété de blé fournit des farines de *première, deuxième* et *troisième* marques, selon que par le blutage on a séparé d'une manière plus ou moins complète le son qui se trouve mêlé à la farine.

Nous ne parlerons ici que de la farine de blé à laquelle on a ajouté certaines substances minérales et de la farine de seigle.

L'alun moulu avec le blé a la propriété de blanchir la farine ; dans le commerce, souvent on rencontre de la farine blanchie par l'emploi de cette matière.

Lorsque la farine contient trop d'eau et qu'elle a été mal conservée, elle s'échauffe, devient odorante et change de couleur ; il se produit alors des insectes et des germes de champignons ; le gluten a perdu de son élasticité.

Une légère addition de carbonate de magnésie ($\frac{1}{100}$) à une farine de blé ainsi altérée, l'améliore sensiblement. Ce sel favorise le gonflement de la pâte et la cuisson du pain.

Si à une farine qui est légèrement fermentée et dont la couleur est d'un blanc terne, l'on ajoute une très-petite quantité d'alun, et si cette farine est soumise de nouveau à l'action de la meule, à la sortie du blutoir elle est blanche.

Quelques meuniers blanchissent leur farine en employant 1 partie d'alun pour 1,000 parties de farine.

Cette faible quantité d'alun ne peut être trouvée par la solution aqueuse ou l'incinération de la farine. Cette dernière opération est très-longue, car, pour obtenir de belles cendres, il faut brûler la farine pendant au moins trois heures.

La magnésie et l'alumine qui existent normalement dans la farine, seront toujours mélangées dans les cendres avec de la magnésie et de l'alumine qui s'y trouvent artificiellement. L'opérateur ne pourra, par l'incinération, connaître le poids réel de carbonate de magnésie ou d'alun ajoutés à cette farine, le blé n'ayant pas la même composition élémentaire lorsqu'il provient de sources différentes.

La pureté de la farine de blé ne peut être cherchée par le poids des cendres, 1° parce qu'elle peut contenir plus ou moins de son ; 2° parce que les substances inorganiques qui constituent les cendres ne s'y retrouvent jamais dans la même proportion ; 3° parce que le grain, avant la mouture, peut avoir été plus ou moins bien nettoyé, et que la terre qui y est restée adhérente, jointe à la poussière de la meule, peut augmenter le poids des cendres.

La méthode qui suit permet de séparer *un dix-milligramme* de matière minérale ajoutée à dix grammes de farine, soit alun, magnésie, craie, plâtre, acide arsénieux, etc.

Cette méthode repose : 1° sur l'insolubilité des farines de blé, de seigle, d'orge, de légumineuses, etc., dans le *chloroforme ;* 2° sur leur densité qui est moins grande que la densité de ce liquide ; 3° sur la densité, plus grande que celle du chloroforme, des matières minérales ajoutées à la farine (1).

Cette opération est en quelque sorte un procédé mécanique. Les molécules de farine, plus légères que le chloroforme, se réunissent très-facilement en une masse compacte au-dessus de ce liquide

___

(1) Voir le *Répertoire de pharmacie,* tome XIII, et le rapport de J.-L. Lassaigne, *Annales d'hygiène publique et de médecine légale,* 1858.

où elles forment plusieurs couches. Les couches supérieures sont jaunâtres et contiennent tout le son; les couches inférieures sont blanches et ne contiennent pas de son. Les matières minérales étrangères à la farine se déposent.

Ces matières peuvent être de l'alun, de la magnésie, du plâtre, etc. On isolera, de la farine essayée, quelques traces de sable ou des débris de meule qui s'y trouvent toujours, mais en faible quantité.

Le sels d'alumine, de chaux, de magnésie, etc., qui existent naturellement dans la farine, ne se *déposent pas.* On les retrouve dans la farine qui surnage; au contraire, les *mêmes sels* qui ont été ajoutés à la farine se *précipitent* en peu d'instants.

Ce départ facile des matières minérales permet à l'opérateur de ne pas recourir à l'incinération pour analyser une farine; de plus, il permet au commerçant de s'assurer si la farine qu'il achète se comporte de la même manière que celle qui lui sert d'échantillon; si elle contient beaucoup de son, etc.

Pour opérer, on choisit un tube de verre ou de cristal d'une hauteur de 20 centimètres et de 2 à 3 centim. de diamètre, on y introduit 10 gram. de farine, et ensuite du chloroforme pour emplir à peu près le tube; on bouche ce dernier et l'on agite pendant une minute. Après un repos plus ou moins long, dans un lieu frais, le tube étant dans une position verticale, la séparation est effectuée. On enlève la farine qui surnage, on décante le chloroforme qui peut servir à de nouveaux essais, ensuite on traite le dépôt par de l'eau distillée *froide* qui dissout l'alun. Les substances qui sont insolubles dans ce liquide sont recueillies sur un filtre; on les sèche et on les pèse, après quoi on en examine les caractères physiques et chimiques.

Une farine qui a été faite avec un grain mal nettoyé donne un dépôt *brun* de terre et de poussière; si la farine a été mélangée avec du carbonate de magnésie, de l'alun, etc., le précipité est *blanc* ou *blanc sale;* le son, qui est plus léger que la farine, forme une couche jaunâtre, laquelle indique une farine plus ou moins bien blutée.

On peut donc dire que le chloroforme est l'agent par excellence qui, dans l'essai des farines, rendra les plus grands services au *commerce*, à *l'hygiène publique* et à *la médecine légale*.

FARINES DE BLÉ ET DE SEIGLE MÉLANGÉES.

§ II.

Les farines de blé et de seigle contiennent une huile grasse particulière que l'acide hypo-azotique colore différemment.

Pour obtenir l'huile de blé, on introduit dans un flacon de la contenance de 100 c. c., bien sec, 20 gram. de farine et 40 gram. d'éther sulfurique rectifié; on bouche le flacon, on agite pendant une minute environ, on jette le tout sur un filtre, on reçoit l'éther dans une capsule de porcelaine, on le fait évaporer en plaçant la capsule au milieu d'un bain d'eau chauffée à 50°; quand le résidu gras est bien privé d'éther et qu'il est froid, on verse dans la capsule 1 cent. cube de la solution d'acide hypo-azotique dont on se sert pour colorer les huiles (v. page 18); on incline la capsule en tous sens. L'huile, par son contact avec l'acide hypo-azotique, se colore à l'instant.

On obtient et l'on colore l'huile de seigle en opérant comme il vient d'être dit pour l'huile de blé.

L'huile de blé se colore en *jaune*, et l'huile de seigle en *rouge cerise*.

Un mélange de farines de blé et de seigle donne une huile qui se colore en *rouge*. La coloration de l'huile peut indiquer en moyenne la composition de la farine mélangée, si l'on consulte une gamme qu'il est très-facile d'établir.

A L'ESSAI DES HUILES INDUSTRIELLES.

DE L'OLÉINE MÉLANGÉE AVEC L'HUILE DE RÉSINE.

L'oléine (acide oléique impur) dont se servent les fabricants de draps est quelquefois mélangée d'huile de résine.

L'oléine que les fabriques de bougies stéariques livrent au commerce est brune, jaune ou jaune rougeâtre, etc.

L'oléine qui est jaune rougeâtre, essayée par le quatrième procédé, mousse en *paille pâle;* l'huile qui se réunit sous la mousse est *jaune sale.*

L'huile de résine, essayée de la même manière, donne une mousse *orange très-foncé;* l'acide se colore en *jaune orange.*

Lorsque l'oléine contient 10 p. 0/0 d'huile de résine, la mousse est *jaune*, l'huile qui se réunit sous la mousse est *orange*, et l'acide devient *légèrement ambré;* lorsqu'elle contient de 20 à 25 p. 0/0 d'huile de résine, la mousse est *orange clair*, l'huile qui se réunit sous la mousse devient *rouge orange*, et l'acide *fortement ambré*.

Il sera facile de doser en moyenne un mélange d'oléine et d'huile de résine, en produisant des gammes par l'huile et l'acide.

FIN.

TABLE DES MATIÈRES.

QUATRIÈME PARTIE.

CINQUIÈME PARTIE.

FIN DE LA TABLE DES MATIÈRES.